職場變色龍

精通每一次的職業轉變

熟悉職場生存遊戲，
從新手到高手的進化之路

蔡賢隆，鄭一群　著

【職業轉變的藝術，職場生存之道】

- ◎ 實用策略與技巧，助你在職場中迅速適應與成長
- ◎ 真實案例分析，深入探討職業轉型的挑戰與機遇
- ◎ 提供最全面職業規劃，從新手到高手的職場進化

目錄

前言

第一章　謀職如謀生，職業規劃決定人生

第四章　暢通求職管道，廣開謀職門路

第五章　注重面試禮儀，與面試官短兵相接

第六章　學會推銷自己，面試就是一場博弈

第七章　順利度過試用期，與企業成功對接

前言

職場上有兩種人，一種人是求職的人，一種人是謀職的人。

謀職主要是指主動的「謀」，盡量做到「我選擇工作」，而不是「讓工作選擇我」，做一個「主動者」，而不是「被動者」。求職則恰恰相反，只是被動的被工作所選擇，毫無主動性。謀職與求職，雖然只是一字之差，卻差距非常大。

人多企業少，工作競爭十分激烈，要找一份「好工作」實非易事。找工作不再是簡單的「求職」，而是一個「謀職」的過程。所以，我們要改變觀念，樹立謀職的意識。

謀職者不是行乞者，而是挑選工作的人。從這個意義上來說，謀職是一個自我推銷的過程，所以你不妨利用這樣的一個機會，整理你自身的優點和劣勢，找到你在職場中的賣點，勾勒出自己未來的模樣。

人們常說「磨刀不誤砍柴工」，謀職最重要的，是做好充分準備，避免在瞬息萬變的職場中盲目的被市場牽著鼻子走。如果還沒有找準目標和方向就急匆匆的把自己推銷出去，這樣找工作必定是大費周章，也很容易走到彎路。

職業生活是人們生活的主體，選擇職業實際上就是選擇人生，謀職擇業不能草率。「謀職」是強調在找工作之前找到最佳方案，謀定而後動。謀職之前，我們應學會找準自己的定位和發展方向。縱使無法十八般武藝樣樣俱全，但必須發掘自己的一技之長。在自我定位時，應該結合自身個性、愛好以及人生目標，來做一個全面性的評估。

謀職，涉及到一個人關於才華、選擇、性格、情商、社交等許多自身能力和複雜的人際交往能力。有時還要考驗你的應變能力、協調能力、不斷學習新知識的能力以及你的自控能力。如果你不為此付出努力，你的職業生涯一定會遇到許多意想不到的障礙。所以，你想謀職成功，找到理想的工作，依靠的不是運氣和學歷，而是技巧和努力。

本書結合當下求職市場的最新形勢，解答了求職者所面臨的諸多最新問題，提供了實用有效的職業規劃方法、求職技巧及職場生存祕笈，希望求職者都可以找到職業目標和理想工作，用激情和努力點亮人生夢想，追逐幸福和美好的生活。

第一章　謀職如謀生，職業規劃決定人生

俗話說：「男怕入錯行，女怕嫁錯郎。」職業選擇的正確與否，直接關係到人生的成敗。根據統計，在選錯職業的人當中，有百分之八十會在事業上受挫。由此可見，選擇職業對事業發展是何等重要。所以，打造自己理想的職業生涯，規劃自己理想的職業前途，找到屬於自己的理想職業方向，我們必須要做好職業生涯規劃。

做好職業生涯規劃，為人生畫上絢爛的一筆

在競爭激烈的職場中，每個人都想成就一番事業，立於不敗之地，然而達成願望的人總是少數，多數人皆不能如願。是這些人沒有努力、沒有奮鬥嗎？不是的。許多人兢兢業業、辛辛苦苦工作了一輩子，最終卻一無所成。原因何在？是因為他們沒有把握發展事業的技術與方法。而這種技術與方法就是職業生涯規劃。

職業生涯規劃簡稱職涯規劃，又叫職涯設計，是指對一個人職業生涯的主客觀條件進行測定、分析、總結的基礎上，再對自己的興趣、愛好、能力、特質進行綜合分析與權衡，最後結合時代特點，根據自己的職業傾向，確定其最佳的職業奮鬥目標，並為實現這一目標做出行之有效的安排。職涯設計的目的絕不僅是讓個人按照自己的資歷條件找到一份合適的工作，達到與實現個人目標，更重要的是幫助個人真正了解自己，為自己定下事業大計，籌劃未來，擬定一生的發展方向，根據主客觀條件設計出合理且可行的職業生涯發展方向。

職場上有句名言：「你今天站在哪裡並不重要，但你下一步邁向哪裡卻很重要。」成功的人生需要正確的規劃，漫長的求職路、充滿競爭與挑戰的職場，更需要行動的指南。職業規劃則是我們邁向職場、行走於職場的法寶，能讓謀職者樹立明確的目標與理想，採用切實可行的措施，發揮個人的專長，挖掘自己的潛能，克服種種職業生涯發展的障礙。

曾有哲人說過這樣一句話：「選擇職業和工作是人生的核心問題。」不僅因為職業的選擇會伴隨著人的一生，更是由於從中既能夠孕育出成功與發展的機會和通道，也會潛藏著失敗與停滯甚至倒退的風險和歧路。

俊博是一個有志向的青年，大學畢業後，他很快就找到一份工作——在桃園的一家公司從事銷售類工作。他的老闆非常看重他，有什麼活動都讓他去做，並且許諾給他一個好的前程。可是試用期結束一談薪水，老闆開給他的月薪卻只有兩萬四千元，他覺得十分不滿。於是，俊博辭了職，又找到了另外一份工作機會。有一家臺北的公司願意錄用他，並答應給他月薪三萬元，他馬上動心了，他沒有考慮到自己的興趣、愛好和專長是多麼適合做銷售工作，就跑到了廣州。但是在新的公司，他張揚的個性似乎和公司的氛圍十分不合拍，而且口無遮攔的他後來捲入一場風波，於是，他又辭職了。

後來，他又進入另外一家公司從事類似的工作。其實，他並不喜歡文字類的工作，有好多人都曾經跟他講過，如果他做銷售，將會是個超級厲害的銷售員。但是他已經在文書工作上做了好幾年，磨滅了鬥志，害怕風險，貪圖穩定舒適，所以工作三年，他做銷售的同學已經拿到年薪幾十萬，而他還是一個月領著三萬元。

試想，如果當初他不要計較眼前的薪水，而是將眼光放長遠些，也許現在已經成為一個年薪幾十萬的銷售經理了。

由此可見，合理的職業規劃是實現人生理想的前提。它可以盡早的對自己的人生發展做定位，更快的獲得發展的機會，沿著一條正確的自我發展的人生道路，到達成功的彼岸。

要知道，通往成功的道路有千萬條，但沒有一條道路是別人給的，都是我們自己選擇的結果。我們有什麼樣的選擇，也就有了什麼樣的人生。我們有什麼樣的職業選擇，我們就擁有什麼樣的職業生涯。我們今天的現狀是我們幾年前選擇的結果，我們今天的選擇決定我們幾年後的職業狀況。成功與失敗者的區別在於，成功者選擇了正確的方向，而失敗者選擇了錯誤的方向，因此我們經常能夠看到一些基礎相差無幾的人由於選擇了不同的方向，職業生涯迥然不同。問題是人們在做出選擇時，幾乎沒有人會認為自己是錯誤的，因為沒有人會故意作出一個不利於自己將來發展的錯誤職業選擇，他們之所以做出了錯誤的選擇，是因為沒有一個合理的職業規劃，為自己作出正確的答案。

對謀職者來說，職業規劃就是個人發展的一盞指路明燈，讓我們清楚自己未來的路與方向。在競爭激烈的現代社會，一個人越清楚的了解自身的資源與優勢，明白如何根據個人核心優勢去制定未來的發展道路，他必然更容易實現成功的夢想。

謀職者在進行職業生涯規劃時，不妨從以下六個方面進行思考，多問自己幾個問題：

（一）我是什麼樣的人？這是自我分析過程，以便對自己有個全面的了解。分析的內容包括個人的、教育背景、性格傾向、興趣愛好、身體狀況與專長、思維能力和過往經歷。

(二)我想要什麼？這是目標展望過程。包括職業目標、收入目標、學習目標、名望期望和成就感。特別要注意的是學習目標，只有不斷的確立學習目標，才能不被激烈的競爭淘汰，才能不斷超越自我，登上更高的職業高峰。

(三)我能做什麼？自己專業技能是什麼？最好是能夠學以致用，發揮自己的專長，在學習過程中累積與自己的專業相關的知識技能。同時個人工作經歷也是一個重要的經驗累積，幫助你判斷你能夠做什麼？

(四)我的職業支撐點是什麼？我具有哪些職業競爭能力？我具備怎樣的資源和社會關係？這些問題都會影響你的職業選擇。

(五)什麼行業和職位是最適合自己的？世上的行業和職位眾多，每個人都會有自己的選擇。你要記住這個原則：選擇最好的並不一定是合適的，選擇合適的才是最好的。

(六)最後是我能夠選擇什麼？透過回答前面對自己的一系列提問，你就能夠做出一個簡單的職業生涯規劃了。

一個人如果沒有明確的職業定位，就不會有明確的職業發展目標，一旦迷失了職業發展方向，就很容易使自己陷入職業發展困境。人們常說，機會偏愛有準備的人，只要你做好了你的職業生涯規劃，為未來的職涯做出了準備，你就會比那些沒有做準備的人機會更多。所以，如果你想在職場中立於不敗之地，就有必要在職場中明確職業角色，塑造職業形象，樹立職場風格，慎重的做好個人職業定位再進行系統性的職涯規劃。

【謀職攻略】

在職業生涯發展的過程中，選擇是一個連續的過程，你很難一下子就作出完全正確的選擇，但要學會選擇正確的方向。只有這樣，在職業發展的漫漫長路上，你的路才會越走越寬，你在職場的選擇權也才會越來越大，並最終達到真正的職業自由。

認識清楚自己，謀職就是很簡單的事

很多人認為，沒有人是比自己更了解自己的了，但事實上並非如此。俗語說：「旁觀者清，當局者迷」、「不識廬山真面目，只緣身在此山中。」所以說，世界上最難的就是理性、客觀的認識自己！

在古希臘帕那索斯山上的一塊石碑上，刻著這樣一句箴言：「你要認識你自己！」據說這是阿波羅神的神諭。盧梭對這一碑銘有極高的評價，他認為，「比倫理學家們的一切巨著都更為重要、更為深奧。」顯然，認識自己是至關重要的，而能正確的認識自己則是很不容易做到的，這需要人們正確的看待問題。

從前，有一塊鐵，不知道金子長的什麼樣子，自以為自己是一塊金子。

有一天，這塊鐵遇到了一個鐵匠，鐵匠說：「如果你願意的話，我要把你打造成一把鋒利的寶劍。」可鐵卻說：「我是一塊金子，為什麼要把自己打造成寶劍。」「你只是一塊鐵，並不是金子。」鐵匠搖搖頭，感到遺憾的走了。在被告知金子另有他物後，鐵便踏上尋金之路。

有一天，鐵遇上了一塊銅。銅渾身熠熠發光、黃燦燦的。鐵高興的說：「你在發光，你一定是金子！」銅說：「不，我不是，我是銅。金子比我光亮的多。」於是，鐵很失落，又繼續上路尋找金子。

在路上，鐵又遇見一塊銀，也是閃閃發亮的。鐵激動的問：「金子，你好啊！」銀看著鐵說：「你認錯了，我是銀子。金子是黃燦燦的。」

鐵很失望的繼續向前走。終於，有一天，鐵看見了金子，被金子的光照得頭暈目眩。鐵說：「你就是世界上最名貴的金子吧？」金子對鐵說：「我是金子，但還不是最名貴的，這個世界上比我名貴的東西多的是。」

此時，鐵很傷心，心想自己永遠也不能成為一塊金子了。金子對鐵說：「每個人都有每個人的作用，只有認識自己，才能發揮最大的潛力。正如鋒利的寶劍永遠也不會由金子做成。你還年輕還需要鍛鍊。」

聽了金子的話，鐵認清了自己的能力，找到了自己的價值所在。於是，鐵便回家了。它找到那個鐵匠，終於把自己煉成了一把鋒利的寶劍。

只有清楚的認識自己，才會明白自己需要什麼？才會知道自己能做什麼？才能掌握自我、完善自我。

現實生活中，很多謀職者缺乏對自我的深刻認識，不知道自己想要什麼樣的工作？自己擅長什麼工作？我們常常聽到不少求職者這樣說：「我不知道自己適合做什麼工作？只知道自己希望從事這份工作，因為這間公司條件好、有發展前途。」、「我選擇這份工作，是因為原來我做過類似的工作。」、「我做什麼都行，什麼我都感興趣。」這些人在求職時只是一廂情願的希望從事某種工作，卻沒有仔細考慮自己是否適合這個工作，是否真正喜歡這份工作，其根本原因是對自己缺乏正確的認識。

選擇適合自己的職業，「認識自我」是重要的第一步。認識自我，就是要認識自己的生理特點以及認識自己的理想、價值觀、興趣愛好、能力、性格等心理特點；客觀的評價自己，不高估自己，也不貶低自己。認識自己的優勢、劣勢，自己的與眾不同和發展潛力。因此，謀職前，一定要正確的認識自我。

一、分析知識背景

人的一生是不斷學習的過程，但學習的重點卻不盡相同，有的人喜歡軍事，有的人喜歡政治，有的人喜歡經商等，但是可以肯定的是，對於自己喜歡的那一個行業，所儲存的知識可能會相對多一些，這就造成了每個人儲存知識的重點不同。所以，在就業過程中，可以根據自己在某一方面所儲存知識的多寡來選擇適合自己的工作。

無論怎麼樣選擇，最好要與自己的知識背景相符或相近，那種不顧知識背景胡亂選擇職業的人，不僅是對自己未來的前途不負責任，也是對求才公司的不負責任。例如，自己在工程設計方面具有豐富的知識，卻偏偏去廣告傳媒領域裡應徵工作，這種胡亂投履歷的行為不僅浪費了許多時間，而且也錯過了許多機會。

二、找到自己的興趣傾向

興趣是最好的老師，興趣會影響就業，因此，找工作時要按照自己的興趣、愛好選擇工作，要清楚的認識到自己想做什麼?適合做什麼?這時候，如果認為從事自己感興趣的工作能有所發展，不妨就向著自己的興趣走去，說不定會取得很好的成績。

三、確定將來希望進入的行業

確定自己希望進入的行業，這一點對於就業非常重要。沒有目的的亂投履歷，投出去的履歷容易就如「石沉大海」一般。在一般的情況下，學習理工科的可以選擇技術服務、建築工程、機械電子、產品行銷等行業，學習文科類的則可以選擇到文化教育產業、廣告傳媒等領域找工作。

總之，清楚的認識自己，正確整合自己的優勢和劣勢是每個謀職者都必須做好的事。分析認識自己並非易事，現代的求職者受外界的混淆太強烈，就連當事人自己也會做出很多身不由己的選擇，可是一旦完成正確的自我認識，就可以展翅翱翔、大展拳腳。

【謀職攻略】

在找工作之前先認識自己，對自身所具備的條件進行分析，進行「就業」相配。只有這樣才能提高謀職的成功率。

將你的優勢與職業結合起來，別把寶貝放錯了地方

「金無足赤，人無完人。」現實生活中的每個人都有自己的長處，也有自身的短處，這是很正常且不可避免的事情。只有認清自己的長處和短處，才能揚長避短，真正的實現自我價值，找到理想的工作。

有這樣一則寓言故事：

森林裡的動物們開辦了一所學校，學生中有小雞、小鴨、小鳥、小兔、小山羊、小松鼠等。為了把牠們培養得像人類一樣聰明，學校開設了唱歌、跳舞、跑步、爬山和游泳五門課程。第一天上跑步課，小兔非常興奮，在操場上跑了幾圈之後，自豪的說：我能做好我天生就喜歡做的事！而看看其他小動物，有的沉著臉，有的撅著嘴，看起來都悶悶不樂的。放學後，小兔回到家對媽媽說，這個學校真棒！我太喜歡了。第二天一大早，小兔蹦蹦跳跳的來到

學校，上課時老師宣布，今天上游泳課。小兔頓時傻了眼，其他小動物更是慌了手腳，只有小鴨興奮得立刻跳進了水裡。接下來，第三天是唱歌課，第四天是爬山課……學校裡的每一門課程，總有個別小動物喜歡，但別的小動物都受不了。

這個寓言故事告訴了我們一個通俗的道理，那就是「不能讓豬去唱歌，讓兔子學游泳」。若想要每個小動物都成功的話，小兔子就應跑步，小鴨子就該游泳，小松鼠就得爬樹。人的職涯設計也是同一個道理，能否最大限度的發揮自身優勢，是職涯設計成功與否的重要標誌。

有個年輕人大學沒考上後，心情非常沮喪，於是他成天遊手好閒，心煩了便上街「打人」，以發洩心裡的憤怒，成了人見人怕、遠近馳名的「打手」。某天，年輕人應「邀」進某高中「打人」，恰巧該校的禮堂正在舉行一場題為「專家指點成功之路」的演講會，被打的對象正在聽演講，於是年輕人就站在門口等著他出來。在等待的過程中，年輕人無意間聽到了老教授的演講：「每個人都有自己的長處，想要成就偉業，你就得善用自己的長處。」年輕人聽後深受啟發。散會後，他找到了這位老教授，滿臉沮喪的問道：「您說每個人都有自己的長處，可我卻什麼也沒有啊！」老教授在了解年輕人的情況後，和藹的說：「你現在不就正準備利用你的長處嗎？」年輕人呆掉了。老教授接著說：「『打人』其實也是一種長處，只看你打算用他來做什麼。如果你把拳頭用於打擊邪惡勢力，懲治犯罪分子，那你就實現了你的人生價值，甚至能夠憑它成就一番事業呢！」在老教授的指點之下，年輕人終於若有所悟。於是，在當年的徵兵季節，年輕人參軍入伍了。在部隊裡，他表現突出，屢次勇鬥歹徒而立功得獎。退伍後，政府替他安排了一份待遇優厚的工作，於是他兢兢業業，終於事業有成。

這是一個「失足」年輕人利用自己不成長處的「長處」走向成功的典型例子。可見，人生成功的訣竅在於「經營自己的長處」，找到發揮自己優勢的最佳位置。所以，謀職之前，每個人對自己的職業生涯，對自己的優勢劣勢都應該進行一番檢討，保持理性的頭腦，真正認清了方向，才可以找到適合自己發展的工作。

在人生之旅上，一個人如果站錯了位置，用他的短處而不是長處來謀生的話，那後果肯定不會理想的，他可能會在永久的卑微和失意中沉淪下去。所以，在選擇職業時要注意發揮自己一技之長，首先你不需過多的考慮這個職業每個月能帶給你多少薪水？能不能使你成名？而是應該把最能發揮你個人優勢的職業作為首選。因為，你若能發揮自己的特長，錢是可以慢慢累積的；經營自己長處，能為你的人生增值；而經營自己的短處，會使你的人生貶值。

很多年以前，一個年輕的退伍軍人來找戴爾．卡內基，他想要找一份工作，但是他覺得很茫然也很沮喪，只希望能養活自己，並且找到一個棲身之處就夠了。

他黯然的眼神告訴卡內基，哀莫大於心死。這一個年輕人的前途大有可為，卻胸無大志。然而卡內基非常清楚，是否能夠賺取財富，都在他的一念之間。

於是卡內基問他：「你想不想成為千萬富翁？賺大錢輕而易舉，你為什麼只求卑微的過日子？」

「不要開玩笑了，」他回答，「我肚子餓，需要一份工作。」

「我不是在開玩笑，」卡內基說，「我非常認真。你只要運用現有的資產，就能夠賺到幾百萬元。」

「資產？什麼意思？」他問，「我除了穿在身上的衣服之外，什麼都沒有。」

從談話之中，卡內基逐漸了解到，這個年輕人在從軍之前，曾經是一家公司的業務員，在軍中他曾學得一手好廚藝。換句話說，除了健康的身體、積極的進取心，他所擁有的資產，還包括烹調的手藝及銷售的技能。

當然，推銷或烹飪並無法使一個人躋身百萬富翁，但是可以為這個退役軍人找到自己的方向，於是許多機會就呈現在眼前。

卡內基和他談了兩個小時，看到他從深陷絕望的深淵中，變成積極的思考者。一個靈感鼓舞了他：「你為什麼不運用銷售的技巧來說服家庭主婦，你可以邀請鄰居來家裡吃便飯，然後把烹調的器具賣給他們？」

卡內基借給他足夠的錢，買一些像樣的衣服及第一套烹調器具，然後放手讓他去做。第一個星期，他賣出鋁製的烹調器具，賺了一百美金。第二個星期他的收入加倍。然後他開始訓練業務員，幫他銷售同款樣式的成套烹調器具。四年之後，他每年的收入超過一百萬元，並且自行設廠生產烹調器具。

年輕的退伍軍人之所以取得了成功，關鍵在於他對自己有了一個理性的定位，找到了自己的優勢，並將其恰如其分的運用到工作之中。如果我們也能準確的發現並發揮自身的優勢，經營自己的長處，用積極向上的心態去做職業規劃，那我們也一定會把理想的風帆揚向成功的彼岸，我們的職涯規劃也一定會是一部燦爛的畫卷。

【謀職攻略】

在人才市場競爭越來越激烈的形勢下，謀職者應該認識到，一個理想的職業應該是既能發揮自己的能力，又與自己的興趣和長處相吻合，才能使自己在工作中得到培養。

興趣是職場的引擎，選擇你喜歡的職業

興趣是最好的老師。善於根據興趣選擇自己的職業，並以此推銷自己的優勢是擇業成大事者的起點。

人的興趣在職業活動中起著十分重要的作用。據有關研究資料表明，如果一個人對某一工作有興趣，便能發揮他的全部才能的百分之八十到百分之九十，並且長時間保持高效率不感到疲勞。相反的對工作沒有興趣的人，只能發揮全部才能的百分之二十到百分之三十，也容易精力疲乏。另外，興趣還可以開發智力，是成才的起點。

美國內華達州的一所學校曾在入學考試時出了這麼一道題目：比爾蓋茲的辦公桌上有五個帶鎖的抽屜，分別貼著財富、興趣、幸福、榮譽、成功五個標籤；蓋茲總是只帶一把鑰匙，而把其他的四把鎖在抽屜裡，請問蓋茲帶的是哪一把鑰匙？其他的四把鎖在哪一個或哪幾個抽屜裡？

一位剛移民美國的學生，恰巧趕上這場考試，看到這個題目後，一下慌了手腳，因為他不知道它到底是一道語文題還是一道數學題。考試結束後，他去問該校的一名理事。理事告訴他，那是一道智慧測試題，內容不在書本上，也沒有標準答案，每個人都可根據自己的理解自由的回答，但是老師有權根據他的觀點給出一個分數。

這名學生在這道滿分九分的題上得了五分。老師認為，他沒回答半個字，至少說明他是誠實的，憑這一點應該給一半以上的分數。讓他不能理解的是，他的同學回答了這個題目，卻僅得了一分。同學的答案是，蓋茲帶的是財富抽屜上的鑰匙，其他的鑰匙都鎖在這抽屜裡。

後來，這道題被發布在網路上。這名學生在網頁上寫道，現在我已經知道蓋茲帶的是哪一把鑰匙了，凡是回答這把鑰匙的，都得到了這位大富豪的肯定和讚賞。

你們是否願意測試一下，說不定還會從中得到一些啟發。

同學們到底給出了多少種答案，我們不得而知。但是，據說有一位聰明的同學在該網頁上發出了比爾蓋茲給該校的回函。函件上寫著這麼一句話：「在你最感興趣的事物上，隱藏著你人生的祕密。」

興趣是指一個人力求認識、掌握某種事物，並經常參與該種事物相關活動的心理傾向。人們對一種職業感興趣，就會對該種職業活動表現出肯定的態度，就能在工作中調動整體心理活動的積極性，開拓進取，這樣自然有助於事業的成功。反之，如果對那種職業不感興趣，硬要強迫他做自己不願意做的工作，這肯定是對意志、精力、才能的浪費，自然無益於工作的進步。

一位神父收到一封來信，問怎麼樣度過自己的一生才不後悔？從前的信大多是宗教方面的，問的都是上帝的事，這一次，突然把天上的問題轉到地上，神父感到很為難，因為人間的事實在比天堂的事複雜得多，正當他不知如何回答，打算把信退回去的時候，一個偶然的事件，讓他改變了主意。那天，教區醫院裡有一位老人生命垂危，請他過去主持臨終前的懺悔。他聽到老人說了這樣一段話：「仁慈的上帝！我喜歡唱歌，音樂是我的生命，我的願望是唱遍美國。作為一名黑人，我實現了這個願望，我沒有什麼要懺悔的。現在我只想說，感謝您，您讓我愉快的度過了一生，並讓我用歌聲養活了我的六個孩子。現在我的生命就要結束了，但我死而無憾。仁慈的神父，現在我只想請您轉告我的孩子，讓他們做自己喜歡的事去吧，他們的父親會為他們驕傲的。」

黑人的話讓神父心裡有一種輕鬆感。於是他寫了一封回信，他寫道：怎樣度過自己的一生才不後悔呢？我想也許做到兩條就夠了。第一條：做自己喜歡的事；第二條：想辦法從中賺錢。後來這封信發表在《紐約時報》上，「做自己喜歡的事並想辦法從中賺錢」成了美國人公認的最不後悔的活法。

興趣對人的發展有著一種神奇的力量。一個人如果能夠根據自己的興趣愛好去選擇事業的目標，他的主動性將會得到充分的發揮。即使是十分疲倦和辛勞的工作，也總是興致勃勃、心情愉快的；即使困難重重也絕不灰心喪氣，而會去想辦法，百折不撓的去克服困難。如果你喜歡你所從事的工作，你工作的時間也許很長，但卻絲毫不覺得是在工作，反倒像是遊戲。

「我到底喜歡什麼職業？」這是每一個人在面臨職業選擇的時候必須回答的問題。了解自己的喜好，傾聽自己內心的聲音，這是最重要的。愛好是最好的老師，只有愛好才能充分調動生命的激情和創造性，從而引領我們走向成功。

對於興趣和各種職業之間的關係，有學者作出了以下分類：

(一)願意與人接觸——喜歡與人交往，喜歡結交朋友，對銷售、公共關係、採訪、資訊傳播一類的活動感興趣。相應的職業如推銷員、公關人員、記者、諮詢人員、教師、導遊、服務生等。

(二)喜歡與具體事物打交道——喜歡操作具體事物，願意默默無聞的埋頭苦幹。相應的職業諸如製圖、地質勘探、建築設計、機械製造、電腦操作、會計等。

(三)願意做規律性工作——喜歡重複的、有規則的活動，習慣在預先安排好的程序下工作。相應的職業如圖書管理員、祕書、統計人員、公務員、郵遞員、檔案管理員等。

(四)喜歡抽象的和創造性工作——對需要想像力和創造力的工作感興趣，喜歡獨立工作，樂於解決抽象問題，具有探索精神。相應的職業如哲學研究、科技發明、經濟分析、文學創作、數理研究等。

(五)喜歡操作機械——對運用一定技術、操作各種機械去創造產品或完成任務感興趣，喜歡使用工具，尤其是大型的先進機械。相應的職業如飛機、火車、輪船、汽車駕駛，機械裝卸，建築施工，石油、煤炭的開採等。

(六)喜歡從事幫助人的工作——樂於助人，試圖改善他人狀況，幫助他人排憂解難。相應的職業如福利工作、慈善事業、醫生、律師、保險業務員、護士、員警等。

(七)願意做領導和組織工作——喜歡掌管一些事情，希望受人尊敬並獲得聲望，在活動中時常起帶頭作用。相應的職業如政治家、企業家、社會活動家、行政管理、學校輔導員等。

(八)喜歡研究人的行為——對人的行為舉止和心理狀態感興趣，喜歡談論人的問題。相應的職業如社會學、心理學、人類學、組織行為學、教育學、政治學等方面的研究和調查分析。

（九）喜歡鑽研科學技術——對分析的、推理的、測試的活動感興趣，擅長於理論分析，喜歡獨立工作並解決問題，也喜歡透過試驗得出新發現。相應的職業如氣象學、生物學、天文學、物理學、化學、地質學等研究和實驗。

（十）喜歡具體的工作——希望能很快看到自己的勞動成果，願意從事製作有形產品的工作。相應的職業如室內裝飾、時裝設計、攝影師、雕刻家、畫家、美容美髮、廚師、手工製作、證券經紀人等。

（十一）喜歡表現和變化的工作——對表演、運動、驚險、刺激的事情感興趣，喜歡經常變動、無規律但具挑戰性的工作。相應的職業如演員、運動員、作曲家、旅行家、探險家、特技人員、職業軍人、員警等。

在了解了興趣與各種職業之間的關係之後，你就可以結合自己的興趣愛好，尋找一份可以滿足你已明確感興趣的工作。

【謀職攻略】

一個人只有選擇了自己最感興趣的職業，才會有持久的工作動力，才會讓自己變得更有競爭力。

選對老闆，你就選對了職業的發展方向

選擇公司，老闆是一個必須考慮的重要的因素。找工作時，老闆有權選擇員工，同樣，員工也有選擇老闆的權利。調查發現，近百分之八十的人在求職時會選擇老闆；另外約百分之二十的人則表示不會。無論他們在求職時是否考慮老闆這個因素，也不管這個因素在他們考慮的各項因素中所占比例是多少，所有被訪者一致認為，老闆對工作的影響非常大。

事實上，作為一家企業的老闆，其個人魅力、氣魄、品格等等，往往決定著所在企業的文化背景、管理規範等等能凝聚人心與吸引人才到多大的程度，同時也意味著謀職者今後的發展空間大小和個人價值發揮的程度。

二十四歲的辰儇是一個開朗、樂觀的年輕人。畢業於某名校的服裝設計系。在大學四年的學習中，他的成績優秀，掌握了扎實的服裝設計知識。大學畢業後，他進入了一家服裝設計公司，滿懷激情的準備要投入工作之中，做出一番事業來！在面試的那天，他那未來的老闆用一席話將辰儇留在了這家公司：「我很希望你能夠加入我們，讓我們一起將這家公司做成行業裡最棒的那個！」懷著這樣的夢想，辰儇開始了他的工作。這家公司不大，所以辰儇在工作過程中有很多機會可以與老闆接觸，那時，辰儇還為了能夠有這樣的機會在老闆身邊學習而感到高興。他很投入他的工作，每天都加班到了深夜，並結合公司的業務狀況提出了很多自己的想

法，老闆給他的答覆總是：「你的想法很好，放手去做吧！」辰僎受老闆給予的信任的鼓舞，所以努力的學習、努力的工作。可是好景不長，辰僎的工作熱情很快便像潮水一樣的退去了，問題究竟出在哪兒呢？

原來，在不斷的工作中，辰僎逐漸發現，他的老闆並非像他自己所形容的那樣。事後辰僎總結出了他老闆的「三宗罪」：

（一）沒經驗。他的老闆其實沒有什麼經營方面的經驗，常常是朝令夕改，讓員工的大量工作都付諸流水；

（二）不敬業。身為老闆，每天他來的最晚，走的卻很早，很多該做的事情一拖再拖，因此還損失了很多的業務；

（三）太小氣。這個小氣倒不是對員工，而是在與客戶、與合作夥伴的交往之中，他的老闆總是絞盡腦汁計較如何占到別人的便宜，凡是與他們合作過的夥伴，最後都因此而拒絕再次合作。

最後，辰僎黯然神傷的離開了這家公司，誰知道傷害還遠遠沒有結束。在尋找新的工作時，他一年多的工作經驗並沒有給他帶來應有的回報，沒有好的業績，便等於沒有形成有效的經歷累積，他不得不又從頭開始。辰僎無奈的笑道：「我這可真稱得上是遇人不淑啊！」

從上面這個故事中，我們可以看出，導致辰僎離職的原因很大程度上是因為「老闆」，而非所謂的「發展空間」。

在市場經濟下，一個成熟的商業社會，企業發展相對穩定，個人創業已經變得越來越不容易了，有更多的人在人生某一個階段甚至一輩子都可能要扮演僱員的角色。因此，選擇一位值得追隨的老闆，是個人前途的最大保證。

在一個公司裡，老闆是核心，是不折不扣的「靈魂人物」。老闆的眼界、能力和管理方法對公司未來的發展起著決定性作用，一個人在選擇公司時，老闆的做事風格和為人便成了必不可少的判斷依據，因為只有好的老闆才能讓你在公司裡得到良好的鍛鍊和發展。

一名職業培訓師到某大學做職業生涯規劃的演講，一名學生問他：選擇公司最重要的因素是什麼？培訓師反問他：你認為你最重視的是什麼？這名學生的回答卻不是薪資、福利等人們普遍關心的問題，而是「值得追隨的公司領導人」。

這個答案使培訓師十分好奇，忍不住追問：為什麼你要把公司領導人列為最重要的因素？這位聰明的學生滿懷自信的回答：只要跟對老闆，學得真本領，一輩子都受用，還怕沒有機會出人頭地嗎？

這位年輕人的理念正是我們所要推崇的，而他尚未踏出校園，也還沒有接觸到社會深沉的一面，但是懂得第一份工作應該選個好老闆來跟隨，也算得上是很有遠見了，如今這名學生已成為微軟公司的重量級管理人員了。

由此可見，選擇老闆，就是要為自己選擇一個發揮和提高自身才能的機會，就是選擇你的人生目標和發展方向，也就是選擇你的生活，決定著你一生的成功與否。所以說，選擇老闆，其實是一種人生途徑，透過它可以尋找到那種在自己看來最富有意義的生活方式。

選對老闆就是選對發展方向——這是雅芳執行長鐘彬嫻，全球最成功的華裔女性的成功之道。她作為《時代》雜誌所評選出來的全球最有影響力的二十五位商界領袖中的唯一的華人女性，在許多人的心中就是一個奇蹟。

鐘彬嫻可以說是一無背景、二無後臺的一個人。大學畢業後，鐘彬嫻選擇去布魯明黛百貨公司做她所喜歡的行銷工作，在那裡，她結識了她職業生涯中的第一個老闆——布魯明黛百貨歷史上的第一個女性副總裁法斯。在法斯的提拔下，鐘彬嫻二十七歲就進入了公司的最高管理層。

後來，鐘彬嫻和法斯一起跳槽到尼曼公司，不久就升到了副總裁的位置。鐘彬嫻覺得自己的發展空間有限，於是去了雅芳。在那裡，遇到了第二位給她機會的老闆——雅芳執行長普雷斯，在普雷斯的欣賞和破格提拔下，再加上鐘彬嫻個人的努力，鐘彬嫻晉升到了董事主席暨執行長的位置。

一個既沒有背景又沒有後臺的女性，在不惑之年就能晉升到公司執行長這樣的位置，不能不說是一個奇蹟，而其成功的關鍵就在於選對了自己職業生涯中的老闆。這就是當代的成功速成法則，也的確可以稱之為成功的捷徑。

一個人能否事業有成，關鍵在於正確的選擇自己的老闆，透過和老闆一起共事來彌補自己的不足和鋪墊成功的道路。如果你是足夠幸運的話，在一個好公司中又恰巧遇到了一位好老闆，就能夠讓你獲取更多的能力和信心，能夠給你提供更多的幫助。即使你不夠幸運，在一個不好的公司裡，如果也能遇到一個好老闆，你也同樣會獲得很多的教益。當我們抱著學習的態度去謀職時，選擇一個好老闆就更顯得十分重要了。想要一個成功的人生，就要慎重選擇由哪個老闆來做你的「墊腳石」。這個選擇是一個很重要的選擇。

人生成敗，源於選擇，同樣，職場成敗，也源於選擇。在職場這個大舞臺上，通向成功的道路有千萬條，但你要記住：選擇老闆就是選擇機遇，選對老闆就是選對發展方向。所有的道路不是別人給的，而是你自己選擇的結果。所以，你選擇了什麼樣的老闆，也就有了什麼樣的職業生涯。

【謀職攻略】

這是一個雙向選擇的時代。老闆選擇員工，員工同時也在選擇老闆。慎選值得追隨的老闆，是人生少數幾個最重要的個人決策之一，選對了老闆，你就選對了職業的發展方向。

大企業或是小公司，你選擇哪一個

在謀職時，很多人傾向於找規模較大的企業，並以此作為衡量職業市場起落的標準。對於他們來說，大公司吸引人的地方主要有：規律的用人機制、明快的辦事作風和先進的管理理念和方法。另外，還有大公司的「品牌效應」的吸引力。但事實究竟如何呢？

先讓我們來看看下面這個案例：

張動揚畢業於一所知名大學，學的又是當時很熱門的電腦科系。畢業後經過一輪輪的筆試、面試，好不容易進入了一家大型國營企業。當時的他是眾人豔羨的對象，加上正值青春年少、血氣方剛，很想在這個通訊領域一展身手。所以剛到職，動揚就兢兢業業、努力工作，不到半年就有了不錯的業績，還獲得了經理的嘉獎。

求知慾強烈的動揚，很希望可以多做一點事，滿足自己對專業技術的實踐與累積經驗。但是在這家秩序井然、分工明確的企業，每個人都有自己固定的職責範圍。業務和技術的操作都是相對固定的。動揚嘗試著去做些別的工作，但是每次都「鎩羽而歸」。不僅上司很不滿意，認為他不安分做好自己的事，還招來了周圍異樣的目光，彷彿在說：「你這新人，是有意討好上司還是想搶我飯碗！」張動揚在數次嘗試失敗之後，就變得乖乖的了。

更讓張動揚無可奈何的是，國營企業只論資歷的氣息太濃。晉升不是用業績來衡量，而是由入職時間的長短來決定。新來一兩年的都是「晚輩」，沒有什麼升遷的空間。百般無奈之下，張勳揚決定將剩餘的精力用在「自我充電」上。其實，他真正的想法就是讀好書，多累積一點經驗，一兩年後再跳槽到其他外企大公司，說白了，就是把現在的工作當做「跳板」。最開始那份躍躍欲試的心情已經消失殆盡。

由此可見，大企業的名號雖然聽起來光鮮，各方面的條件也比較好，但卻存在著個人發展的煩惱。所以，謀職者不要固執的認為，進入大公司工作就一定好。

其實，大公司和小公司孰優孰劣，並不能一概而論。大企業、小企業都是相對而言的，「大」和「小」的好壞是沒有絕對的，就業時不能只草率的選擇進大企業還是小企業。只有認清自己的職業取向，才能尋找到合適自己的方向。那麼，謀職者究竟該如何進行分析、判斷和選擇呢？

其實，大公司有大公司的優勢，小公司有小公司的特長。

通常，大公司經營多年，在社會上有著良好的口碑，規模大、經濟效益好，財力也雄厚。作為應徵者來說，大公司的起薪高，對應徵者來說吸引力很大；與此同時，大企業的福利待遇好，保險體系健全，員工個人利益能得到很好的保障；還有規則的節假日休假制度。

小公司也有小公司的長處，小公司更有助於員工學習、經驗累積，並為日後的發展打下良好的基礎。通常來看，中小型公司的制度規範都不夠精細，每個人所負責的職位並不是很明確，這些企業往往要求員工成為全才，可以身兼數職。對員工來說，這樣必定會促進個人的獨立作業能力，可以獲得較多操作經驗，而經過中小企業鍛鍊的這些「樣樣都會的人」，才是最受企業歡迎的複合型人才。

在大公司裡，你可以直接學習大公司的思維方式、辦事風格和管理理念。大公司的視野、經驗是小公司遠遠不能相比的。而在小公司裡，你可以快速的從管理者的角色上來制定規則，也就是說，由你自己來左右公司的一部分的發展，這種機會也是大公司所沒有的。

在大公司，你可能能學到很多管理規則和方法，但是這些方法後面隱藏的原理、適用範圍，你不一定能夠領悟到。而在小公司，你可以明白事情的前因後果。

此外，在大公司工作，能獲得公司系統化的教育訓練，在團隊合作的氛圍裡，學習溝通與協調等組織運作的能力；缺點是工作範圍較狹隘。中小公司的優點是員工需要身兼數職，強調獨立作業的能力，可以獲得較多的實戰經驗；缺點是公司經營風險較高、職務變動頻繁，教育訓練制度可能較薄弱。

在大公司工作，你會得到很多資源和正式培訓的機會。如果你是一個喜歡在執行程序前先對其作出澈底了解的人，那麼對你來說大公司是一個良好的工作環境。相對於小企業而言，大公司會提供你更多的學習時間與空間。然而，如果你是一個成熟的、有作為的、獨立的，並喜愛邊做邊學的人，那麼小企業也許更適合你。另一個選擇小企業的理由就是如果你是那種喜歡多方接觸並願意接受更多挑戰的人，小企業更可能滿足你。在小企業中，由於主管期望每一個職員都竭盡所能，所以你能接觸到如何運作一個企業的全過程。這提供了你與管理層人員接觸的機會，如此一來你便有機會成為他們當中的一員。

綜上所述，大公司和小公司，各有各的優勢和劣勢。無論你決定去大池塘裡當小魚，還是去小池塘裡當大魚，甚至是去小池塘裡當小魚，你都會有自己的生存和發展空間。

【謀職攻略】

無論選擇小企業還是大公司，每一條路都無疑是通往成功的途徑。最重要的是哪一個環境最適合你自己的個性、處事風格和個人的發展。

別只關注「錢」途，更要看重前途

關於「錢」途和前途，是每個求職者無不關心的事。「錢」途是指可以獲得金錢的道路，而前途是指未來擁有發展的道路。

怎樣決定和造就自己的錢途和前途，有時真是很難把握。這正如邱吉爾所說：「向前看總是明智的，但要做到高瞻遠矚並非易事。」

謀職是要向「前」看還是向「錢」看？這似乎令很多人難以抉擇，也是很多謀職者感到矛盾和痛苦的一大誘因。

有一部分謀職者在擇業時只顧眼前利益，過分注重「錢」途而忽視個人的發展前途。在與徵才公司洽談時，有些謀職者首先問及的是公司的收益如何？待遇怎樣？獎金是否高？而對自己的發展前景漠不關心，對徵才公司的培訓條件、在職教育計畫極少問津。他們認為「做什麼工作無所謂，只要能賺大錢」。不少謀職者在擇業中表現出急功近利的心態，最終讓自己陷入了職業發展的迷茫之中。

有一位求職者，他對電腦十分精通，這本是一項很有發展前途的技能。但在走訪幾家與電腦應用有關的徵才公司後，他覺得薪水及其他待遇均不太理想，於是便一一的拒絕了聘用。不久後，他發現朋友們都在做業務工作，而且收入頗豐，於是他也加入了他們的行列。起初他的業績還算不錯，所以做了三年的業務員日子一直很舒服。但隨著年齡的增長，他發現自己不再適合做業務員，於是想靠「電腦高手」的功底應徵與電腦有關的工作。可是，當他再次接觸電腦時，操作的熟練程度已大不如從前，而且許多知識都已老化。顯然，他錯過了競爭待遇已變得非常優厚的資訊科技行業工作的機會。

在擇業時，不少謀職者過多的注重那些豐厚的眼前利益而捨棄那些長遠的利益。實際上，眼前利益雖然誘人，但捕獲它就像撿「芝麻」一樣，從整體和長遠的角度來看，得到的很少。而長遠利益就像「西瓜」，它雖然遠在我們的視野範圍之外，但最終會有豐厚的收穫。

周儒淳大學畢業後，來到一家電子公司從事技術性工作。他對未來是這樣打算的：「先工作累積一些經驗，然後再自己創業。」然而工作還不到兩個月，他就從電子公司辭職了。原因是：「整天在技術產線裡重複昨日的工作，生活沒有一絲色彩。」整天機械性的勞動讓他厭煩了技術性的工作，以至於後來他找工作一碰到是做技術的，就避之唯恐不及。可是，他所學的專業又把他死死限制在技術工種上。在不得已之下，他決定考研究所究所，重新確立職業發展方向。

在他的心裡，他記得學校就業中心的主任曾經這樣說過：「對於剛出社會找工作的人來說，當然是前途重要，眼光要長遠，不要低著頭去走路。如果你只顧眼前的利益，那注定永遠是個打工的，而這樣的人肯定會被社會淘汰。」現在，每當碰到一些同學或親戚詫異的目光，周儒淳都會在心裡重複著這句話，以便同世俗的眼光對抗。

周儒淳覺得，初次踏入社會，沒有社會麼工作經驗，不應該過度要求薪水如何，最重要的是能夠多學點別人的經驗，這樣的話，以後肯定會不愁前途的。他現在堅持著這樣一個想法：「既然是『初出茅廬』當然是選擇有發展潛力的工作。」

的確，找工作不能一味的向錢看，重要的是要向前看。選擇一個正確的就業方向遠比每個月賺多少錢重要。

對於求職者來說，每個人都希望能夠找到一個薪水待遇好、發展機會多、工作環境好的公司。但是世事常難遂人願。所以，在謀職時要用有助於日後發展的眼光選擇徵才公司和職位，不能只顧眼前利益，過多的注重「錢」途，而忽略了更要看重的是發展的前途。

可究竟什麼樣的公司才是有發展前途的呢？對於謀職者來說，以下四點可以做一個參考標準。

一、是否有一個很好的團隊

如果公司人才濟濟，而且具有良好的合作精神，自然你就有更多的學習機會。和高手共事絕對是難得的經驗，不但可以好好學習一番也可為自己的累積資歷。

二、開明的管理

開明的管理階層不但能認可員工的價值，並能支持員工提高工作效率。謀職者應該找到這樣公司，這也許會花點時間，但值得努力。

三、導師制

每個企業都有資深老手，以他們為主在公司建立導師制作為管理的輔助。這種導師制在很多企業已形成制度，對新人來說，可借此找到良師，並獲知公司的內幕情報，不但可以早點進入工作狀態，獨立作業，也可以更了解公司的運作法則。同時，導師還可以在職業生涯規劃上充當你的良師益友。當然，作為新人也不能過於依賴導師，而應該盡量擴充自己的人際關係。

四、定期做工作評估晉升機會才會多

通常大公司的人力資源部都會有一套人員晉升的規則，大部分是根據一年一度的工作評估來獎懲，如果有真才實學，自然晉升的機會多多。

【謀職攻略】

謀職者在擇業時應當著眼於該職位的市場前景以及發展潛能，千萬不要為一時的薪資方面不盡如人意而放棄了一個自身成長和發展的機會，只要你所謀求的職業是有著光明的前景，即使目前的薪水低一些，但只要能夠學到本領，就必定能有所發展。

明確自己的價值觀，做好職業規劃

價值觀是人們希望獲得哪些結果的一種抽象說法。它揭示了人們看待工作回報、薪資或其他問題的不同態度。

每種職業都有各自的特性。不同的人對職業的特性可能會有不同的評價和取向，這就是所謂的職業價值觀，也稱為擇業觀。價值觀對人的一生有著重要的影響。作為人們對待職業的一種信念和態度，職業價值觀往往決定了人們的職業期望，影響著人們對職涯方向和職業目標的選擇。

在生涯規劃中，我們常常需要作出這些選擇：是要工作舒適輕鬆，還是要高標準的薪水待遇，是要成就一番事業，還是要安穩太平。當兩者有矛盾衝突時，最終影響我們決策的還是存在於內心的職業價值觀。可見，價值觀對職業生涯的影響是深遠的。

康華紹在一家知名大公司工作，有著高職位和高薪水。可是後來他卻放棄了這份工作，選擇自己創業當老闆。他覺得，在公司裡整日疲於應付、平衡各種人際關係，使得自己身心俱疲，漸漸沒有了做事的激情，始終有種挫敗感。因此，這個在別人看來十分誘人的工作對他而言就變得毫無意義，最終他選擇了離開。

這個事例說明，當選擇工作時，你實際上是在選擇一種價值體系，在選擇處理人際關係的方式和生活方式。

當你的價值觀和你的工作相吻合時，你會覺得自己的工作很有意義，反之，你會覺得缺少些什麼。而且這種失落感通常是金錢、權力、名譽等外在事物所不能彌補的。因此，我們選擇去留，看上去是為了經濟利益，其實根本上是價值觀在起著作用。

不同時代、不同的制度環境甚至不同的自然條件下，人們都會有不同的職業價值觀，即使以上條件相同，不同的人也會因為各自的成長環境、教育背景、個性追求等差異而形成不同的職業價值觀。作為人們對職業的一種信念和態度，職業價值觀往往決定了人們的職業期望，影響著人們對職涯方向和目標的選擇。

三個工人正在砌一堵牆。有人過來問他們：「你們在做什麼？」

第一個人沒好氣的說：「沒看見在砌牆嗎？」

第二個人笑著說：「我們在蓋一座高樓。」

第三個人邊工作邊哼著歌，他滿面笑容的說：「我們正在建設一座新城市。」

十年後，第一個人依然在砌牆；第二個人在辦公室畫設計圖——他成了工程師；而第三個人呢，他變成前兩個人的老闆。

同樣的工作，同樣的環境，因為價值觀不同，所以每個人產生了不同的感受，這也決定了他們未來的成就。這個故事告訴我們，一定要找到與自己價值觀相契合的職業，那樣你才能在工作中寄託自己的理想，並從中實現自己的價值。

現實生活中，許多人都面臨著兩難的困境：他們所從事的職業收入豐厚，但是卻痛恨自己所販賣的產品或提供的服務。這種人生價值和工作價值的衝突，會使我們的身心和工作都受到傷害。唯一的解決方法就是尋找一種職業，讓它與你所擁有的價值觀相互協調。如同公司需要長遠發展策略一樣，個人也需要目光遠大，以便使我們的未來能夠保持平衡，擁有足夠的活力。

職業價值觀也叫工作價值觀，是價值觀在所從事的職業上的體現，或者在職業生涯中表現出來的一種價值取向。職業價值觀是個人對某項職業的價值判斷和希望從事某項職業的態度傾向，即個人對某項職業的希望、願望和嚮往。

職業價值觀表明了一個人透過工作所要追求的理想是什麼？是為了財富，還是為了地位或其他因素。不同的人有不同的價值觀念，而不同的價值觀念適合從事不同的職業或職位。如果在制定職業生涯規劃以及選擇職業時，沒有考慮自己的價值觀，選擇了不適合自己的職業，將會很難在這個職位上工作下去，當然也就談不上事業發展的成功。因此，認真分析和了解個人的職業價值觀，對正確展開職業生涯規劃具有重要的意義。

工作價值觀通常都是與某種職業緊密相連的，而且工作價值觀也可以作為在你和工作之間進行相配的基礎。你在確定職業方向時，可以進行以下測試。請試著把下面六組進行排序，這可以幫助你了解如何利用價值標準中的觀點，對職業的具體內容及要求進行分析。

一、成功

如果你的滿足感來自於「成功」這個價值，那麼你所從事的工作應該是你最擅長的，能讓你發揮最大的能力，或者是你曾經接受過專業培訓的。在你的工作中，你會看到自己努力的成果。透過頻繁開發新專案、得到新獎勵，你會從中感受到成功的喜悅。

職業範例：生物學家、藥劑師、律師、主編、經濟學家、公務員。

二、認同

如果你的滿足感來自於「認同」這個價值，那麼你應該尋找那些有好的晉升機會、好的聲望，並且有潛在的成為領導階層的機會的工作。

職業範例：大學行政人員、音樂指揮、飛機調度員、製片人、技術指導、銷售經理。

三、獨立

如果你的滿足感來自於「獨立」這個價值，那麼你應該尋找的是那種靠你的主動性去完成的、能讓你自己做主的工作。

職業範例：政治學家、作家、有毒物質研究專家、資訊科技經理、教練。

四、支持

如果你的滿足感來自於「支持」這個價值，那麼你要尋找的工作應該是那種成為員工的有力後盾的公司，其主管的管理方式會讓員工覺得很舒服。那種公司應該以其令人滿意的公平的管理體制而著稱。

職業範例：保險代理人、測量技師、變壓器修理工、化學工程技師、公益事業經理、防輻射專家。

五、工作條件

如果你的滿足感來自於「工作條件」這個價值，那麼在找工作的時候，你應該考慮薪水、工作穩定性，以及良好的工作環境。另外，找工作的時候還要考慮它是否與你的工作模式相符。比如說，你是喜歡整天忙碌，還是喜歡獨立工作，又或者是喜歡每天都可以做很多不同的事情。

職業範例：保險精算師、按摩師、打字員、心理輔導師、法官、會計師。

六、人際關係

如果你的滿足感來自於「人際關係」這個價值，那麼你應該尋找那種同事很友好的工作。這種工作能讓你為別人提供服務，不需要你做任何違背你的是非觀的事情。

職業範例：語言教師、牙科醫生、牙齒矯正醫師、運動培訓師。

總而言之，我們的價值觀決定了我們的生活態度，從而決定了我們的職業取向並導致了我們做出各種的職業選擇，這種職業選擇決定了我們的就業狀況也決定了我們的生活方式，這種生活方式又最終決定了我們的人生幸福感。

【謀職攻略】

職業價值觀是個人對某項職業的價值判斷和希望從事某項職業的態度傾向。謀職之前，我們必須明確自己的價值觀，並根據不同時期、不同情況明確自己的求職核心需求，以便合理制定自己的職業生涯規劃和相關策略。

第二章　就業有風險，謀職需謹慎

在求職過程中，很多求職者缺乏求職的基本知識和經驗，一旦被急於找到工作的焦躁情緒所驅使，便容易受到種種許諾的迷惑而上當受騙。雖然在求職中遇到欺騙的形式有很多，但是再高明的騙術都是會有一些漏洞的，只要我們善於觀察，提高自己的辨識能力和自我保護能力，就能夠識破職場欺騙的詭計。

提高警惕，選擇正規的就業服務公司

隨著網路的無遠弗屆，一些以提供虛假資訊為誘餌，騙取服務手續費甚至進行惡意詐欺的黑心職業介紹所迅速並肆意氾濫起來，儘管政府有關部門對黑心職業介紹所的整治行動頻頻，但在利益驅使下黑心職業介紹不但沒有銷聲匿跡，反而越演越烈。所以，找工作時如何防範職業介紹陷阱？如何維護自己的合法權益？已經成為每一位求職者都關心的問題。

先讓我們看看下面幾個案例：

案例一：

馮小姐在一家仲介公司的資訊欄上看見招聘祕書的啟事，而且寫明月薪兩萬八千元，於是馮小姐打電話進行諮詢。接電話者自稱是仲介公司的負責人，他告訴馮小姐祕書職位的確空缺，可以隨時面試。

馮小姐到了仲介公司之後，負責人讓她繳納一千元仲介費。馮小姐覺得仲介費有點貴，露出猶豫的表情。仲介公司負責人便拍著胸保證，如果這家不錄取，他們可以再給她推薦其他公司，直到找到工作為止。於是馮小姐信以為真，交了一千元仲介費。之後在仲介公司的引薦下來到招聘祕書的公司。該公司對馮小姐進行了簡單的面試，然後請她回去等消息。馮小姐等了兩個多星期，致電去問之時該公司告訴她面試結果還沒出來，讓她繼續等待。又過了兩個星期，該公司才告訴馮小姐她不符合招聘條件。

馮小姐只好又找到那家仲介公司。仲介公司負責人再次熱情的接待了她，並拿出資料，又幫她推薦了一家公司。經過面試，馮小姐又是經過長達二十多天的等待後，才得知沒有被錄取。當馮小姐第三次找到那家仲介公司時，負責人還是很熱情的接待了她，但卻告訴馮小姐目前沒有新的空缺職位，請她再等等。

遙遙無期的「等待」讓馮小姐非常鬱悶，但是她又找不出理由和仲介公司理論，最後只好作罷。

案例二：

士州想透過就業服務公司找工作，就業服務公司要求他先交五百元押金，並聲明如果不能為他提供滿意的工作，一定會將押金退還給他。士州想了想，便按照就業服務公司的要求先交了五百元。就業服務公司也承諾他，三天內就能得到消息，士州交完押金後便回家等通知了。奇怪的是，三天時間很快就過去了，士州根本沒有接到該就業服務公司的任何電話，他頓時產生了懷疑，便前往該就業服務公司想問個明白，不料，擺在他眼前的竟然是一座空房子，這時，他才明白自己上當受騙了。

案例三：

威岑是一位在校大學生，暑假期間打算找一份兼職工作，一家仲介公司為他提供了一個家教的工作，當時承諾給他的薪水是每小時五百元。威岑覺得工作輕鬆、報酬高，便交了四百元介紹費和一百元資料處理費。之後，他跟隨仲介公司的一位員工到了雇主的家中。雇主和威岑作了簡單面試之後，便叫他回家等電話。但一個月過去了威岑卻一通電話也沒有接到。於是他去找仲介公司退費，但仲介公司的人員卻一口咬定「已經提供了就業資訊」而拒絕退費。

從上述案例中，我們可以看出，一些不法職業介紹所機構利用求職者求職心切的心理，非法的收取介紹費，使許多人上當受騙。所以，找工作最好到有正規營業執照的的職業介紹機構，千萬別去非法的職業介紹所。

那麼，要如何確定就業服務公司是否正規合法呢？

選擇合法的職業介紹機構要做到「三看」：

一是看證照。正規合法的職業介紹機構均具備「許可證」。民營就業服務事業（除公立就業服務機構、各級學校或職業訓練機構外），不論以收費或免費、專營或兼營、營利或非營利，抑或獨資、合夥、公司或團體等方式從事職業介紹及其他就業服務的。此類服務事業為就業服務法所規定須經主管機關核准始得從事之特許行業，想要經營此業務者，應向地方主管機關申請許可證；若為仲介外國人至國內工作或仲介本國人至國外工作，應向中央主管機關申請許可證。如果無法出示「許可證」，就不屬於正規營業的職業介紹機構。

二是看收費。目前，法律對職業介紹機構的收費標準並沒有統一規定，但是，職業介紹機構應當在服務場所明示服務專案和收費標準，收取職業介紹所服務費時應當開具發票。對於不明示收費專案和收費標準、隨意收費、不開具發票的職業介紹機構，謀職者要提高警覺，同時保存好發票、收據等資料，以備維權之需。

三是看待遇。如果職業介紹機構或徵才公司給出的職位待遇很高，但卻對應徵者的個人資料如學歷、技能等漠不關心，甚至根本不問，這極有可能是陷阱。

另外，如果透過職業介紹機構求職成功，要按《勞動基準法》規定與徵才公司簽訂勞動契約，徵才公司不得以試用期為由拒簽，求職者還應保留一份勞動契約，以便有效維護自己的合法權益。

【謀職攻略】

求職者最好選擇政府開辦的職業介紹機構，或者具有知名度及良好口碑的人力銀行。切莫有僥倖心理，輕信「黑心職業介紹所」，結果讓自己的權益受損。

小心駛得萬年船，警惕求才公司的騙錢行徑

為了找到一份合適的、體面的工作，現在的求職者可以說是煞費苦心。但是社會上有些徵才公司在招聘和用人過程中不夠正規，甚至還存在一些違法行為，讓求職者頻頻「中招」，很是無奈。

志博今年大學畢業，得知某人力資源有限公司在徵「經理助理」。在工作人員的「招待」下，志博先交了一百元「工本費」。志博順利透過了「第一關」，接著他接受一位宋姓經理面試。宋經理說：「公司是靠資訊賺錢的，你有沒有信心做好？我們這裡只需兩個經理助理，如果你沒信心的話就把機會給別人了。」聽後志博就滿心歡喜答應了。宋經理又說：「要先交三百元『個資保障金』，上班七天後就會退還。」

志博交了三百元後簽了一份契約，該公司的工作人員說第二天再簽正式契約。接著該工作人員又以不同的理由要求志博繳交「伙食費」一百元，兩套制服費用九百元。第二天，志博去該公司上班，對方稱現在是試用期，還不用簽契約。一名工作人員還叫志博自己買筆記本和筆去抄一些招聘資訊。志博漸漸感覺到不對勁，想要退錢。但該工作人員說要按照公司的程序辦事，離職的話只能退百分之五。

無獨有偶。國旭大學畢業後，參加過多場招聘會，遞交了幾十份履歷，但不是覺得待遇太低，就是嫌工作太累，拖拖拉拉了幾個月仍未找到工作。最近他在網路上看到一則徵才啟事，一家電器企業招聘業務員，底薪二萬元加抽成。寄出履歷後兩天，對方通知他到工廠面試，在面試過程中，對方開出的待遇和福利，讓國旭興奮不已，面試現場的繁忙和有序也讓國旭降低了警惕心理。經歷了一輪填寫資訊、面試官面試等程序後，國旭終於在第二天收到錄取通知。

第二天上午，國旭和一起錄取的十幾名業務員辦理了報到手續並繳交體檢費用和押金。經理告訴他，因為工廠住集體宿舍和吃員工餐廳，新報到員工需要集中進行體檢，國旭被安排在第三批將於週五統一做體檢，詳細時間會另行通知。因為求職心切，再加上看到這家工廠的辦公室相當氣派，國旭和一起錄取的十多名求職者都放心的繳交了體檢費用。不料三天過後，國旭仍然沒有接到通知，當他再次來到面試的工廠，卻發現大門緊鎖，往日的招聘人員已不知所蹤，電話號碼也是空號。

求職的「陷阱」多種多樣，上述兩個案例中亂收費的情況只是其中一種，詐騙公司總是想盡一切辦法向求職者收取費用，這些公司在招聘時常常不查看任何學歷證明，甚至不安排任何面試，而只是要求求職者支付諸如資料處理費、報名費、推薦費、註冊費等名目繁多的費用。一些仲介和徵才公司甚至聯手「創造」出子虛烏有的職位，作為騙取錢財的「工具」。如果有應徵者前往，就不僅要向仲介公司支付介紹費，到公司進行「面試」或被「錄用」時還要繳交報名費、手續費等。而當徵才公司和仲介公司裝滿了自己的「荷包」之後，就會編出各種理由將應徵者「辭掉」。對此，求職者一定要予以警惕。按照勞基法規定，徵才公司胡亂向求職者收費是違法行為。所以，求職者在面試時，應該要心裡有數，一旦徵才公司提出繳費要求，要仔細斟酌其中的真偽，小心「肉包子打狗，有去無回」。

但近年來，由於就業市場的競爭日趨激烈，有些人求職心切，對於徵才資訊盲目相信。一些不法公司往往利用這一點，設置種種陷阱引誘求職者上當。這些騙術的花樣層出不窮，令人防不勝防，受害者們不但沒有找到工作，還因此賠了許多冤枉錢。所以，為了防止上當受騙，求職者一定要擦亮自己的「火眼金睛」，不要輕信他人的「花言巧語」。

為了避免陷入徵才公司的騙局，求職者在求職過程中應注意以下幾個問題。

(一)眾所周知，報刊廣告以刊登的面積計價收費，而廣播電臺和電視廣告則按播出時間長短收費，所以，我們可以從招聘廣告的篇幅大小和刊登時間長短來判別正在徵才的企業是否有實力。一些有實力的企業為招賢納士甚至願意包下報紙的整個版面刊登廣告，這樣的企業往往知名度較高，求職者可以大膽的應徵。反之，一些小廣告尤其是常在報刊的邊角部位刊登廣告的企業大多規模不大，或者沒有什麼實力，製造騙局陷阱的廣告也常在此出沒，求職者最好謹慎一些。

(二)認真對待徵才公司的收費行為。很多公司設下騙局的最終目的就是騙財，他們往往會巧立各種名目讓應徵者上當：簽約押金、體檢費、培訓費、保證金、制服費等。這些費用在正式簽約之前都屬不合理的收費項目，求職者千萬不能因為求職心切而輕易支付這些費用。

(三)如果遇到公司要求必須體檢才能上班的，請求職者注意：公司不應當指定某某醫院，而此類醫院也不應該是私立醫院或者私人診所。如果遇到此類情況，請求職者不要相信，若發現被騙應及時報警。

（四）有很多公司為了吸引更多的應徵者，會刻意修飾職位，或者在廣告裡附加「急聘」、「誠招」等字眼來引誘求職者。所以，到這樣的公司應徵的時候應小心謹慎。另外，對一些天天在報紙上刊登徵才廣告的公司，尤其是長年累月急聘人才的公司，求職者應徵時更需要加倍小心。

（五）不輕信許諾到外地工作。對外國企業或某某外縣市分公司、分廠、辦事處的高薪招聘，不管其待遇有多麼好，求職者千萬要保持清醒的頭腦和高度的警惕，不要輕信企業的口頭許諾，一是不去，二是到勞保部門諮詢，並辦理相關的手續，否則吃了大虧，被騙工騙錢甚至被人販子拐賣，就後悔莫及了。

（六）發覺被騙應及時報案。求職者一旦發覺上當受騙，要及時向徵才公司所在地的派出所報案，尋求法律保護。但由於勞務詐騙往往涉及警察、工商、勞動、人事等部門，求職者應該根據情況選擇最有效的投訴部門，若被投訴的對象為合法機構，求職者可以找勞保局；若求職受騙情況特別嚴重、詐騙金額大，可以到警察局進行報案。

【謀職攻略】

求職者應牢記「天上不會掉餡餅」的道理，提高自我保護的意識和能力，越是容易得來的工作越需要留心注意。一旦發現受騙，應及時向警察機關報案。

切勿貪圖高薪，求職小心誤入傳銷陷阱

當今的就業競爭日益激烈，非法傳銷組織往往趁虛而入，在人力銀行、網路上發布虛假招聘資訊，讓求職者上當受騙，防不勝防。非法傳銷組織看似手法「高明」，但其實不然，它們無外乎是抓住求職者求職心切的心理「利誘」其上當。

所謂「傳銷」，是指公司銷售產品的管道不用透過公司自己去推廣，而是透過消費者或是經營者本身的「傳遞」、「分享」去達到公司將產品銷售出去的目的。關鍵還是在公司及經營會員的心態，如果只是單純的想要「拉人」進公司而賺取獎金，公司也不是以製造好的產品來銷售為宗旨只是利用會員不斷找人加入來賺取金錢，這種就是大家最討厭的老鼠會模式了！不良的傳銷公司或經營者開發下線或消費會員，透過對被開發下線或以其直接或者間接開發的會員數量或者銷售業績為依據計算和給付報酬，或者要求被開發下線以繳交一定費用為條件取得加入資格等方式牟取非法利益，擾亂經濟秩序，影響社會穩定的行為。

非法傳銷模式尤以「拉人入會」的異地邀約傳銷危害最為嚴重，透過人身、精神、資金等手段達到控制的目的。當新人剛被騙到異地後，不讓其打電話、斷絕其與外界的一切聯繫，也不讓其看電視和手機，在一個封閉的環境中密集的灌輸一夜暴富的思想，喚起人們對金錢扭曲的追求。非法傳銷組織組織嚴密、活動隱祕、流動性大，往往能夠迅速的層層製造騙人者和

受騙者。

有這樣一個真實的故事：

二〇〇九年放寒假之前，瑜芃的輔導主任把大四所有的學生集合起來開了一個會，並在會上向同學們透露了一條就業資訊：「某某知名食品公司徵祕書，試用期每個月兩萬元，正式員工每月二萬八千元，還有一千元的全勤獎金和三節禮金，提供住宿和工作餐。有意的同學可以自己去聯繫一下，電話是……」

由於當年的就業情況非常嚴峻，又遇到了金融危機，大學生的就業壓力就可想而知了。瑜芃當時沒有打算考研究所，她心想這個公司提供的待遇還不錯，而且這個招聘資訊是由學校提供的，應該比較安全可靠，於是她就打了電話給那家公司。對方詢問了瑜芃的一些基本資料之後，就要瑜芃把履歷發到對方的信箱裡，並問瑜芃能不能趕在年前到公司實習。剛好瑜芃想南下回家過年，就說不能去了，於是電話那邊答覆她：「那我們年後有機會再聯絡吧！」

到了正月初五，瑜芃接到了對方公司的電話，那邊說剛過完年，現在公司很缺人手，問瑜芃能不能在一個星期之內趕到公司實習。

瑜芃特地上網查了一下，確實找到了這家公司的網頁，瑜芃也問了網友，網友們也說確實有這家公司。瑜芃覺得可能是自己多慮了，既然是透過學校徵才，在安全方面肯定是有保障的。所以，她就沒有按照網路上所查到的那家公司的電話號碼打電話去確認一下。出於求職心切，她匆匆的踏上了北上的火車。

到了公司之後，對方以週末公司不上班拒絕了瑜芃去公司看看的要求。一個姓李的先生跟瑜芃說：「我手機沒電了，正要給同事打電話安排你的住宿，借妳的手機用一下吧。」瑜芃沒有多疑，就把手機給了他。他接過之後說：「我一路還有幾個電話要聯絡，到了員工宿舍，我的手機充好電就還給妳。」上計程車的時候，他又打了一個電話，然後對瑜芃說：「正巧我們有個上司和他們在一起，知道妳今晚要過去住，就想見見妳，談一談話。」

瑜芃以為是面試，心裡很緊張。但是進去之後，才知道這是一個傳銷團體，進去之後就很難再出來，門窗全部都是封死的，那裡已經有了很多上當受騙的大學生。所有人進去之後就被洗腦，先告訴她們「我要澄清一點，網路銷售絕不是傳銷，我們是完全合法的。然後再實行所謂的「軍事化管理」：沒收手機，背誦《世界上最偉大的推銷員》章節，聽那些歌頌網路銷售的演講，連怎麼拍手都有規定。

洗腦洗得差不多後，再逼她們給家裡打電話要錢，騙其他朋友加入。給她們描述美好的未來藍圖，如果照做了，兩年做到上級經理，就可以月入百萬。如果不肯做的就要遭到非人的毒打。有很多人都被洗腦，騙光了自己的親戚朋友的錢財。

瑜芃的腦袋相對的清醒一些，無論對方說得再怎麼天花亂墜，再怎麼洗腦她都抱著一定要逃出去的信念。她先在錢上寫求救信號扔到街上，但失敗了。後來傳銷團體逼她打電話回家的時候，她在嚴密的監督下故意說錯一些常識以引起爸爸媽媽的注意，並暗示自己所在的位置。最後在犯罪團體要搶過電話的時候，她用盡全力喊出了「救命！」不幸中的萬幸是，她最後得到了解救。

許多求職者求職心切，加上非法傳銷公司所開出誘人的薪資待遇，使不少求職者禁不住誘惑，結果上當受騙。要知道，求職道路是坎坷的，那些看似報酬豐厚的工作，很可能是一個天大的陷阱，生活中，絕對不會出現「天上掉餡餅」的好事。所以，求職者找工作時，對徵才資訊一定要查清真偽，千萬不要被傳銷的假象蒙蔽了雙眼，盲目去應徵，誤入了傳銷的陷阱。

在傳銷一詞給社會大眾漸漸累積了不良觀感之後，近年來的非法傳銷人員沒有了行騙的幌子，便又借用「直銷」的名義繼續行騙。不過，無論「非法傳銷」如何的變換嘴臉，只要留心觀察，分清合法直銷與不法傳銷的區別，一定能看清這些騙術的本質。

那麼，傳銷與直銷的區別有哪些呢？主要有以下幾點：

（一）在直銷活動中，直銷商和直銷企業通常會以銷售產品為導向，其整個銷售過程中始終將「把產品銷售給消費者」放在第一位。而傳銷活動則不然，傳銷商和傳銷企業在展開傳銷活動的過程中，通常會以銷售投資機會和其他機會為導向，其在整個從業過程中，始終把「創業良機和致富良機的溝通和販賣」放在第一位，與正當的直銷活動完全不同的是，他們並不關注和推崇產品的銷售。

(二)在正常的情況下，正規的直銷公司，不會向求職者收取任何費用；而非法傳銷公司則不然，人會前首先要繳交一筆錢，價格沒有明確的標準，少則幾百元多則幾千元。有些「聰明」的傳銷公司，以讓求職者購買產品為由繳交錢財。求職者交完錢以後，才能獲得發展下線的資格，至於產品問題，則由求職者自行處理。這種傳銷方式表面上看似直銷，實則是非法傳銷的變身。有些人認為，傳銷不涉及到產品，這只是單純的想法，不法傳銷分子為了迷惑想賺錢者，屢次更改傳銷模式，但萬變不離其宗，入會費就是區別傳銷與直銷最好的方法之一。

(三)在直銷活動中，直銷從業人員所銷售的產品通常會有比較公正的價格體系，這種價格體系是經過物價部門專門批准的，其體現出銷售過程中的公正性，而且其產品有正規的生產工廠和先進的生產設備及其工藝流程，在出廠被銷售的過程中，生產工廠均為其配備了各種齊全的生產手續，有優秀的品質保證。而傳銷活動中，由於其從業人員本身所販賣的就是一種投資行為，所以對於產品並不關注，他們所關注的是投資報酬率問題和投資回報的速度問題，產品在傳銷過程中只是一個可流通的道具。

(四)正規的直銷公司，其產品有固定的流通通路，在市場上可以見到該公司生產或代理的產品。無論從品質上而言，還是從售後服務上講，產品都能令消費者滿意。對於直銷企業而言，產品品質決定其銷量，因為產品的流通通路是由生產工廠透過行銷者而流到顧客手中的，中間沒有其他環節，並且少有廣告。不法傳銷則不然，不法傳銷公司利用求職者的入會費，到市場上買些廉價的商品，然後再將這些商品以高價賣給剛入會的新人，然後，再由剛入會的新人將這些廉價產品賣給自己的下線。其主要特徵是，產品只在內部流通，市場上很難見到類似的產品。

（五）直銷活動中，直銷企業通常會要求本企業的直銷從業人員了解國家關於直銷問題的各種政策法規資訊，並自發性的遵守各種政策法規，合法繳納各種稅金。而在傳銷活動中，從事傳銷的企業，通常的做法則是，截斷各種通往從業人員的政策資訊流，不鼓勵自己的從業人員過多的了解各種政策法規資訊，也不會反覆強調其作為一個公民的責任和義務。

（六）正規的直銷公司，在產品出現品質問題的情況下，會允許消費者退貨，或者會採用上門服務的方式，維護消費者的利益。很多人在市場中曾看見過這樣的廣告：產品在七天內遇到品質問題，可以退換貨；還有些工廠打出假一罰十的廣告，這一點是非法傳銷公司絕不會做出的承諾。非法傳銷公司的產品一旦銷售就不能退還，或者他們會想方設法給顧客設置障礙使其知難而退。

（七）在直銷活動中，直銷從業人員和直銷企業通常在其直銷系統文化的建設中會強調「勤勞致富」等原則，把直銷活動當成一種正常的創造財富和分享財富的活動，其傳播的是所有的收入均來自於自己的付出，主張在行銷技術上精益求精。而在傳銷活動中，傳銷從業人員和從事傳銷活動的企業通常在其傳銷系統文化的建設中會強調「一勞永逸、一夜暴富」等偏差的價值觀念和原則。

（八）正規的直銷公司，收入上的表現方式為「多勞多得」，不論是主管、新員工還是老員工，只要銷售業績好，就能得到較高的薪水，而且新員工所拿到的薪水，完全有可能高於老員工。而非法傳銷公司就不一樣了，它的收入模式呈「金字塔」結構，因此出現了誰先進來誰在上層，誰拿到的薪水就越多，後來者的收入永遠不會超過先進來的人。這就是區分直銷與傳銷的一個明顯標誌。

（九）在直銷活動中，直銷人員在其從業過程中通常會有職前、在職的系統培訓，其內容包括產品培訓、行銷技術培訓、客戶服務培訓、政策法律培訓等等。在傳銷活動中，傳銷從業人員雖然也有可能接受在直銷活動中所推出的各種教育培訓，但是它往往只是在形式上虛晃一槍，他們更推崇在從業過程中推出大規模的激勵活動和分享大會，其內容比較單一，多為激勵式的意圖改變從業人員的觀念，其目的就是誘導聽課者趕快入會從業或者加大推廣下線力量。

（十）店鋪銷售模式是直銷與傳銷的最大區別，近年來，很多的直銷企業願意改變形式，以店鋪銷售的形式出現在市場上。這種特殊的直銷經營方式讓推銷員返回到店裡，這樣不僅方便了公司的直接管理，也從形式上與傳銷公司區別開了。而非法傳銷企業則在市場上不方便設有店鋪。

【謀職攻略】

在求職過程中，切不可「因心急而吃掉熱豆腐」，要立足實際面，千萬不可好高騖遠，注意分辨招聘資訊的真偽，一旦發現誤入非法傳銷組織，要盡快與外界取得聯繫設法脫身，並及時向當地警察、工商機關舉報。

長點心眼，警惕試用期的詐欺行為

試用期，原本是徵才公司與勞動者建立勞資關係後，雙方為了相互了解而商定的考察期限。「試用」是雙向的，徵才公司「試」勞動者，勞動者也「試」徵才公司，誰不滿足都可以說「拜拜」。近年來，只因勞力市場供大於求，整體就業形勢緊張，導致試用期成了徵才公司的專利。少數惡意的企業甚至把試用期設置成敲詐勞動者的陷阱，非法牟利的「黑心工具」。

韋慈與幾位好朋友一起到一家貿易公司去面試，她們覺得這家公司很不錯，即使只是先來這裡實習幾天也可以增長一些經驗。於是她們把自己的想法告訴了該公司總經理，結果出乎她們的意料，總經理慷慨的對她們說：「由於公司處於擴張階段，正好需要人，你們幾個就都留下來吧！如果工作表現良好，還會有獎勵。」

聽後韋慈和幾位好朋友興高采烈的回家了。她們心想，不管結果如何，公司畢竟給了她們機會，只要努力工作，就會有所收穫。

正式上班當天，韋慈等人和公司簽訂了一份契約，契約大致上包括了以下幾項內容：實習期間，按照工作表現給薪水；試用期間，月薪兩萬元；轉正職後，月薪兩萬六千元。

總經理誠懇的對她們說：「我們公司剛剛創建不久，正處於起步階段，需要妳們這些有能力的人才，雖然試用期的薪水不是很高，但等公司步人正軌後，妳們的待遇也會隨之提高，等到將來公司的規模壯大了，妳們就是我們公司的元老了，到時候，肯定虧待不了妳們。」韋慈等人聽完經理的話，頓時心潮澎湃，便下定決心努力工作，盡自己最大的力量為公司創造利潤。

韋慈等人很快分配到了工作，令她們感到奇怪的是，公司上下除了她們新來的八個人外，原來只有三個人。韋慈感到非常的不解，堂堂一間大公司怎麼可能就三個人？總經理似乎看出了她們的疑問，便說：「是這樣的，我們公司只是一間分部，總公司在廣州，一個月前，我們才剛來到這裡，準備發展分公司。所以，暫時員工人數比較少。」韋慈等人雖然有些疑惑，但也沒說什麼，她們覺得畢竟好不容易找到了一份工作。

由於員工少，分工自然不是很細，韋慈雖然應徵的是總經理助理，但是其他瑣碎的工作，也都由她來完成。雖然契約規定每天的工作時間只有八個小時，但是她們每天實際工作的時間為十幾個小時。一個月下來，她們每個人都瘦了一圈。韋慈等人相互鼓勵著說：「大家努力一點，等發了薪水一起慶祝一番。」

發薪日子終於到了，可是總經理卻對薪水的事隻字不提。韋慈代表大家去提醒總經理關於發薪水的事，可經理卻說：「最近公司太忙了，大家再等一等，三個月以後，一起補發給妳們，大家的表現都非常好，等試用期滿後，我會多發給大家一些獎金。」韋慈將總經理的話傳達給其他人後，大家也表示贊同。

三個月即將過去了，總經理又在人力銀行上招聘了幾個大學生。公司終於穩定下來了，韋慈等人又向總經理詢問薪水，令她們吃驚的是，三個月的時間竟然只發了一萬五千元。大家非常生氣，便欲找總經理討要說法。經理卻說：「妳們八個人都是以實習的名義來公司上班的，而實習期間是沒有薪水的。我看妳們平時工作那麼辛苦，才給妳們每人又發了五千元作為補貼。妳們還沒有與公司簽訂正式的錄用契約，所以，不能按照正式契約的相關規定給妳們發薪水。三個月已過，現在可以簽訂正式的勞動契約。」韋慈等人聽後有口難辯，因為當初簽訂契約時，她們就忽略了「確定試用期的期限」這個問題，她們以為，來公司上班就相當於被正式錄用了，所以，一直以為自己已經在試用期了，結果落得個「啞巴吃黃連，有苦說不出」的處境。

可見，利用「試用期」設置「陷阱」，是時下一些徵才公司「降低用人成本」的新花招，求職者往往屢次掉進「試用陷阱」中。

面對試用期的陷阱，求職者應當透過法律手段維護自己的合法權利。如果對於一些不合理的事情總是聽之任之，結果吃虧受騙的只是自己。

為了避免落入企業設下的「試用期陷阱」，求職者應該多留心。常見的試用期騙局有如下幾種：

一、先試用，再簽勞動契約

春節前，某大飯店發布徵才廣告稱招聘十名員工，月薪兩萬四千元至兩萬六千元。燕帆等應徵後，卻被老闆告知：「試用期內不簽任何勞動契約。等到試用期被確定合格的，即簽訂正式契約，如不接受可以離開。」春節過後，燕帆等人被突然通知，所有人均存在或多或少的問題，總之就是均不符合、不適宜飯店工作，故全部提前辭退。燕帆等人一直不明白，大家春節每天加班、累死累活得到的竟會是這種結果，而且因沒簽勞動契約而得不到任何補償。其實，這一切都是飯店老闆在搞鬼：利用所謂的試用期招聘一些員工，以解春節前後生意興旺需更多人手之急。這一旺季剛過，便藉口將她們趕走，而且可以因沒有契約而不用承擔任何責任。

不少求職者在找工作時經常遇到這種情況，在與徵才公司簽訂契約之前，總會有個試用期，而且往往試用期馬上就要結束了，自己也被「炒」了。正規公司的做法是，不論勞動契約是無固定期限的、有固定期限的，還是以完成一定工作為期限的，徵才公司應該最遲在員工開始為其工作時就與勞動者簽訂勞動契約。在簽訂正式勞動契約之後，雙方才可以約定試用期，而不是在試用期滿後再簽訂勞動契約。也就是說，試用期包含於勞動契約期限內。只要勞工到職，勞動契約也就開始！因此當上工的那刻，雇主就必須要為勞工投保，不可以等「試用期間過後再投保」或「過幾天再投保」，萬一勞工不幸在上下班途中或工作期間發生意外，雇主不但要接受處分，還得負擔起所有賠償責任，這點勞工到職時也需要特別注意。

二、延長試用期

廖舜文到一家建材公司應徵，擔任品質檢驗員。勞動契約時間為一年，其中試用期為二個月，試用期的薪水比正職員工每個月少四千元。試用期間，舜文的工作表現相當出色，公司也很滿意。一年的勞動契約到期後，公司有意與舜文續簽契約。商談中，公司得知舜文也非常喜歡該工作，迫切希望公司將其留下。公司便想到以延長試用期少發點薪水的方法：先假裝已經另行物色了其他人，舜文的去留與否，對公司並無影響，反倒為了讓舜文留下，公司還會因為之前的決定而左右為難。隨後又提出，看在老員工的面子上，公司決定特別關照舜文，但在重新簽訂勞動契約時，必須再次約定二個月的試用期，以作為進一步考查，期間薪水同樣比轉正職時，每月少四千元。不明就裡的廖舜文，雖然心裡不滿，但還是答應了。

其實，此公司之舉是很有爭議的。雖然勞基法早在二十年前就修法把試用期刪掉了！但根據契約自由原則，以及勞委會八十六臺勞資二字第〇三五五八八號函認定「勞資雙方依工作特性，在不違背契約誠信原則下，自由約定合理的試用期是允許的」，也就是勞動部認為，有沒有試用期、試用期多久，都可以由勞資雙方自行約定。如果原本談好三個月的試用期，期限將至時，覺得員工的表現好像有點不適任，但還想再給他機會，只要一開始雙方有約定，或者後來經過勞工同意，就能合法延長試用期，但最好白紙黑字寫上延長次數與延長時間，根據過往判決經驗，實務上大多都是延長一次，延長兩到三個月不等，千萬不要無限期延長，更不能在員工表現良好的情況下又提出延長試用期的要求，不然容易讓勞工對試用期延長合法性產生存疑。另外，試用期薪資雖是可以由雇主勞工雙方來協調約定的，有些公司會給付全薪，有些會打折，但要經過勞工同意且絕對不能低於基本薪水。目前勞動部已正式公告，二〇二一年一月一日起月薪將調至兩萬四千元、時薪一百六十元），因此不論以月計薪或以鐘點費計薪，勞工的試用期薪資都不能低於這兩個金額。

三、無條件開除員工

珍妮等六人到一家私營飯店應徵服務生，雖然飯店與她們簽訂為期一年的勞動契約，但卻把試用期約定為六個月，在試用期內包吃包住，每月薪水兩萬四千元。但當試用期臨近結束時，飯店老闆便以種種理由，解除珍妮等人的勞動契約，讓珍妮等人無條件的離開飯店。

試用期內，求職者往往非常珍惜來之不易的職位；而不良的徵才公司卻專橫跋扈，說炒就炒員工的「魷魚」，這其實是一種明顯的違法行為。《勞動基準法》對徵才公司解除勞動契約做出了明確規定，雖然勞動者在試用期間被證明不符合錄用條件的，徵才公司可以解除勞動契約，但是在試用期內，徵才公司也並不是不需要任何理由就可以單方面解除勞動契約，而是要在提出勞動者在工作期間不符合錄用條件的考核證明後才可以單方解除勞動契約。

如果員工真的不適任，熬不過試用期，那麼針對以下這兩種些微不同的狀況，雇主也必須要依法走相對應的程序：

雖在試用期間，但工作已滿三個月：依照勞基法第十六條，工作滿三個月但未滿一年，雇主要資遣勞工應該要在十天前進行告知；並且給予謀職假、資遣費用。

如果勞工是在試用期三個月內被資遣，那麼有雇主有沒有需要提前告知，就看當初雙方有沒有約定好；但若勞工工作已超過三個月，雇主就必須要依法作業，但不論正職或試用，資遣費都是要給的！年資未滿1年者以實際工作日數分月、日換成年之比例計算資遣費。年資每滿一年，就發給半個月平均薪水的資遣費，最高以發給六個月平均薪水為限。

【謀職攻略】

對於那些惡意把試用期設置成敲詐勞動者陷阱的企業，求職者只有掌握相關法律法規，才不會被惡意的徵才公司矇騙。

擦亮眼睛，謹慎簽訂勞動契約

勞動契約是規範就業市場的重要法律依據，是招聘方與應徵方建立勞資關係、維護各自權利的法律武器。在簽訂聘用契約時，雙方的地位是平等的，所以，寫進契約的內容應是相互協商的結果，應體現出雙方的權利。契約，是一份具有約束力的法律文件，它約束的是主雇雙方的行為，而不僅僅只是一方的行為。當一方的行為違背了契約規定，另一方有追究對方責任的權力。但是，如果求職者與對方簽訂的是一份不利於自己的不平等契約，那麼反過來，契約也許就會變成對自己具有極大殺傷力的武器。

留美回國的文茵，希望找到一份適合自己的工作。因此，她參加了許多大型招聘會，由於她個人條件存在相當大的優勢，許多徵才公司都通知她前往面試。文茵參加了幾家公司的面試，結果無一適合自己的。一天，她接到一家外資企業打來的電話，對方一口流利的英語以及開出的條件，讓文茵動心了。於是，決定到該家公司與總經理面談。

面試當天，接待她的是該公司的總經理，對方是一位五十多歲的老先生，以流利的英語告訴她，他們公司要在臺北成立一家分公司，準備聘請一位銷售經理，他們剛剛接到一筆大業務，但是人員不夠，急需有才能的人。總經理還承諾，可以給文茵提供廣闊的發展空間，而且薪資待遇都不是問題，保證讓文茵的滿意。文茵被總經理的話打動了，決定去該公司上班。

上班第一天，文茵感覺非常奇怪，公司規模並不向總經理介紹的那樣，加上總經理和她總共才四個人，文茵有些上當的感覺，但她並沒有確定這就是一場騙局。

幾天後，文茵逐漸喜歡上了這個公司的工作方式，總經理兌現了他的承諾——給她提供廣闊的發展空間。更重要的是，老闆開出的薪資令她非常滿意。文茵與總經理簽訂了兩份契約，其中一份契約中，注明文茵的月薪是十五萬元；另外一份契約中，注明文茵的月薪是二千美元加九萬三千六百七十元臺幣，合計十五萬元。雖然兩份契約的支付方式不同，但是其大致內容是相同的。文茵拿到總經理的簽名契約後，發現契約中少了公司的蓋印，文茵心想，既然老闆已經簽名了，不蓋公司章也不會有什麼大礙，反正公司也跑不了。

沒過多久，文茵便全心投入到工作當中了，且獲得了幾個大客戶，公司在她的管理下，日漸壯大，一股成就感悄悄的爬上了文茵的心頭。

這時，令她意想不到的事情發生了，總經理漸漸的縮小了她的權力範圍，而且無故拖欠員工薪水，這使文茵感到非常不滿意，她向總經理討要個說法，不料，總經理卻冷漠的對她說：「如果妳對公司的管理制度不滿意，完全可以提出辭職請求。」文茵聽後頓感失望，這時她打開勞動契約一看，契約中對於她的權限範圍沒有給出明確具體的規定，所以在形式上她的權益無法體現，而在實際工作中，老闆無故限權，又對她工作的過多干涉，使她有苦難言。因此，她想到了辭職，可是，距離契約期滿還有一個月，如果現在離開，年底分紅、獎金等各種福利就沒有了，她只好委屈的忍耐了。半個月後，老闆讓文茵想辦法獲取到競爭公司的商業祕密，文茵對這種過分的要求忍無可忍，不得已辭掉了工作。於是，按照當時雙方簽訂的契約，文茵不但拿不到各項獎金，還必須繳納十五萬元的違約金。

簽約意味著主雇雙方的行為都要受到法律制約。因此，求職者要認真對待這件事。在簽約前，求職者要全面考察徵才公司的經營狀況，不要貿然接受對方的面試、簽約要求。一定要在知彼知己的情況下，再考慮簽約事宜。否則的話，就會像上例中的文茵一樣，讓居心不良的老闆鑽了漏洞。

在求職就業的過程中，簽訂一份合理合法的契約能起到保護自己的作用。但一些徵才公司卻利用求職者就業急切的心理，設置一些陷阱，使得求職者的權益受到侵害。所以，我們要提醒求職者要警惕以下六類契約陷阱：

一、口頭契約

口頭契約，也可稱之為口頭承諾，是指並不將雙方應該履行的職責與義務寫入契約內，形成書面正式文件。須注意的是，口頭契約一般不在法律保護範圍之內。一些涉世未深的大學畢業生極易相信徵才公司的那些冠冕堂皇的許諾，以為對方許諾的東西就是真的能得到的東西，寧可相信「君子一言，駟馬難追」，也不願懷疑對方的誠意。可是，俗話說得好：「口說無憑，立字為證。」求職者與徵才公司建立勞資關係時，也應遵循這句俗語，要及時的把雙方應該履行的職責與義務詳細的列入契約中，不要輕信老闆的口頭承諾，要知道，白紙黑字是任何人都無法抵賴的事實，這樣勞動者的合法權益才能受到保護，勞動者才不會吃了「啞巴虧」。

二、格式契約

一些徵才公司按國家有關法律和勞動部門制定的契約範本事先印好聘用契約，表面看起來，這種契約似乎無可挑剔，可是具體條款卻表述含糊，甚至可以有幾種解釋。一旦發生糾紛，招聘方總會振振有詞的拿出這種所謂制式契約來為自己辯護，最後吃虧的還是應徵者。

三、單方契約

一些企業利用應聘者求職心切的心理，只約定應聘方有哪些義務，例如，遵守企業的各項規章制度，若有違反要承擔怎樣的責任；毀約要繳交違約金等等，而契約上關於應聘者的權利幾乎一字不提。這是最典型的不平等契約，如果接受這樣的契約，無疑是將自己送上砧板，任人宰割。雖然現今社會的就業競爭比較激烈，但求職者也不能一味的遷就徵才公司，簽訂一些對自己不利的契約。

四、生死契約

一些從事危險性行業的徵才公司為了逃避該承擔的責任，常常在簽訂契約時，要求應聘方接受契約中的「生死協議」，即一旦發生意外事故，企業不承擔任何責任。有的求職者為了得到工作，違心的簽了契約，卻不知這樣做的結果也許是助長了徵才公司更無視勞動者的安全，如果真的發生了意外，也許連討個說法的機會也沒有。

五、兩款契約

許多不正規的公司與勞動者簽訂勞動契約時，都準備兩款契約。一款是中規中矩的契約，無論從責任上講，還從義務上而言，都完全符合法律規定，其主要作用是應對勞動部門的檢查；而與勞動者正式簽訂的那份契約，才是在公司內部生效的契約，其中對於徵才公司應當承擔的責任與義務都沒有明確具體的規定，但對於勞動者的權利而言，卻有著許多限制性條款，而且「隱藏」著許多見不得人的解釋。這種契約對勞動者沒有任何保護可言，所以，簽訂契約時應當小心謹慎。

六、附加不合理條款的契約

有些企業向勞動者提交的契約正文看似很合理，但卻在後面附加了許多不合理的條款。因此，遇到此類契約時，勞動者一定要仔細弄清附加條款的內容，否則一旦簽字認可，日後發生糾紛容易處於被動地位。

以上就是契約中常見的六種陷阱，求職者在了解後要加以警惕，在簽訂契約時，還要注意以下幾點：

一、掌握相關的法律常識

勞動契約是約束勞動者和徵才公司行為以及處理今後糾紛的重要法律依據，審閱勞動契約的每個環節，都需要勞動者有一定的法律常識，所以勞動者在簽訂勞動契約之前最好先了解一下都有哪些法律可以保護勞動者的合法權益。臺灣有關保護勞動者合法權益的法律、法規很多，其中以《勞動基準法》及《就業服務法》的規定最為全面，是規定勞資關係的主要法律。

二、**確定契約的合法性**

求職者簽訂勞動契約的本意就是想透過法律來保護自己的利益，但是如果簽訂的契約本身就是違法的，那麼求職者的權益照樣得不到法律保護。為此，求職者一定要先確認自己簽訂的勞動契約是否具有法律約束力。

一份具有法律效力的勞動契約，首先簽訂契約的程序應符合法律規定，並且應當用書面的形式予以確認，契約至少應一式兩份，雙方各執一份，求職者應妥善保管自己的勞動契約。在勞動契約的內容上，求職者一定要先確認自己簽訂的勞動契約是否具備產生法律約束力的條件，包括：徵才公司應是依法成立的公司，能夠依法支付薪水、繳納稅金、提供勞動保護條件，並能承擔相應的民事責任等。

三、**仔細審查契約細節**

一份正式的契約應該條款齊全，日後雙方一旦發生利益衝突，可以便於查證核實。為此，求職者在簽訂契約前一定要讓公司的負責人拿出契約原文，仔細審看契約條款是否齊全，勞動契約主要應包含下列內容：（一）勞動契約期限；（二）工作內容；（三）勞動保護和勞動條件；（四）勞動報酬；（五）勞動紀律；（六）勞動契約終止的條件；（七）違反勞動契約的責任。要仔細閱讀關於相關職位的工作說明書、職位責任、勞動紀律、薪水支付規定、績效考核制度、勞動契約管理細則和有關規章制度，以求心中有數。

四、及時簽訂勞動契約

特別要強調的是，應聘人與徵才公司簽勞動契約的時間應在求職者試用前，而不是試用合格之後。徵才公司與應聘人存在勞資關係但未訂立勞動契約時，應聘人要求簽訂勞動契約的，徵才公司不得解除勞資關係，而是應當與其簽訂勞動契約。

五、其他細節問題

最後求職者還應該了解一下其他的細節問題，例如當契約涉及數字時，一定要用大寫漢字，以使公司無隙可乘；另外要注意契約生效的必要條件和附加條件（如簽證等）；契約至少一式兩份，雙方各執一份，各自妥善保管；雙方在簽訂時如有糾紛，應透過合法方式解決。

【謀職攻略】

契約是我們維護自己權利的武器，失去了這個武器，不但會失去自己的尊嚴，同時也會失去本應該得到的利益。簽契約時，我們一定要睜亮眼睛，看清楚再簽約。

第三章　磨刀不誤砍柴工，做好謀職的準備

求職是踏入職場的開始，也是開啟另一種生活的重要開端。很多人忙於奔波於職場內外，但卻慌不擇路，屢戰屢敗，究其原因是沒有做好求職的準備工作。俗話說：「知己知彼才能百戰百勝。」所以，作為一個聰明的求職者，只有充分做好求職前的準備工作，才能夠穩操勝券。

了解市場需求，做到一擊即中

在找工作的過程中，許多求職者沒有對市場需求進行認真分析，面對廣闊的人才市場，不知道哪些行業比較供不應求？哪類人才比較短缺？當然也不知道哪裡需要自己？不少求職者為了能找到工作，每逢招聘會必定參加，將履歷和求職信遞交給那些自己不了解的公司，然後毫無目的的去應徵，結果徒勞無功。

誌偉是大學機械系畢業的學生。剛走出校門，誌偉和其他同學一樣，滿懷信心的踏上了求職之路。

誌偉第一個去的是某大型公司。那天上午，他興致勃勃的來到該公司人事處，看見裡面有兩個人，誌偉說：「請問應徵工作，要找哪位負責人？」

其中一位主管模樣的先生客氣的接待了誌偉，聽完他的情況說：「你的科系和我們公司的業務非常符合，而且我們很急需這個專業的人才，但不巧的是，我們公司正在考核期間，有很多人要重新安排工作，我們已經決定今年不再徵人，實在抱歉。」

誌偉又來到第二家公司——某塑膠機械廠。該廠人事負責人讓誌偉寫了一份履歷，然後告訴他：「你先回去，我們討論以後再給你答覆。」

誌偉問：「我什麼時候能得到你們的答覆？」

「我們最近正忙於工程師等級職稱評定作業，過一個月你再來吧。」

按照這種方法，誌偉又連續跑了八家公司，但都是乘興而來掃興而歸。出現這種現象的主要原因是他對市場需求沒有進行認真分析，求職時沒有目標，只憑一股盲目的衝動，行事成功率當然很低。因此，我們建議求職者在訪問徵才公司之前，最好先了解有關就業的市場現狀和需求。

在對市場需求進行分析時，需要注意以下問題：

一、了解就業政策，掌握就業形式

求職前，求職者只有了解國家的有關政策，才能找到一個具體的適合自己的職位，並能在這個職位上充分發揮自己的才能，實現自己的職業目標。對大學畢業生來說，首先一定要了解清楚國家主管部門、各縣市有關部門和各學校自己的就業政策。包括：就業體制、程序、時間等；吸引本國急需人才的優惠政策；對外國大學生流入本國的政策及相關的人事代理、戶籍制度，國家為增強就業率所推出的一系列措施等。求職者要知道這些部門的資訊發布管道，關注就業的相關政策，才能少走彎路，避免不必要的損失，以助自己順利就業。

二、展望未來，了解社會對人才的需求形勢

二十一世紀的熱門職業隨著知識經濟時代的來臨，與傳統的熱門職業相比正發生著重大變化。如果說第一次工業革命是從農業社會向工業社會轉移，那麼此後的第二、三、四次工業革命則是從工業社會向知識社會轉移。第四次工業革命將貫穿二十一世紀，與我們息息相關。當跨入二十一世紀時我們可以發現，知識化、網路化和國際化是我們需要面臨的新時代的特徵，與之相對應的，未來熱門職業主要有以下幾大類：

一、物流管理師

物流業是當前經濟發展的一個熱門產業，涵蓋了國民經濟中的海陸空交通、運輸、倉儲、採購、供應、配送、流通加工、資訊、協力廠商物流、連鎖銷售、製造業以及與物流相關的眾多行業。目前，物流人才呈現供不應求，許多物流部門的管理人員多是半路出家，很少受過專業的培訓。

二、會計師、行銷管理師

根據目前經濟高速發展的需要，至少急需三十五萬名會計師。就連在已具備從業資格的七萬多名註冊會計師中，被國際認可的不足百分之十五。巨大的需求缺口，使會計師成為未來幾年炙手可熱的人才。行銷管理師由於市場經濟體制的不斷完善，市場行銷已經滲入到各類企業，人們對市場行銷的觀念也將有更深刻的認識，所以對這方面人才的需求將被繼續看好，並有繼續升溫的可能。

三、環境工程師

城市快速擴張、市政建設的更高要求和房地產建設的飛速發展，使得環境工程師的需求量也大大增加。有關資料顯示，目前環保產業的從業人員僅有十多萬人，其中技術人員約占六成。按照國際通行的慣例計算，目前在環境工程師方面的人才缺口還很大。

四、理財規劃師

資料顯示，個人理財市場每年以百分之十到百分之二十的速度成長。目前，一方面社會對金融理財的需求非常急迫，市場需求潛力巨大；另一方面，理財產品明顯捉襟見肘。理財規劃師，尤其是能夠為客戶提供全方位的專業理財建議，透過不斷調整存款、股票、債券、基金、保險、動產、不動產等各種金融產品組成的投資組合，設計合理的稅務規劃，滿足居民長期的生活目標和財務目標的人才，更是難求。

五、國際商務策劃

二十一世紀，商務策劃將成為發展前景最好、收入最高、就業最穩定的熱門職業之一。當前企業最缺乏的人才就是能提供商務策劃的企業軍師，這些軍師必須是具備豐富的商務經驗且善言談或筆談的人，善於獨立思考且洞察力和創新意識較強、能產生好點子或新建議的人，熟悉行業的運行機制且有行業發展策略眼光、能幫助企業克服轉型危機的人，這些人總是能夠在各自的領域不斷提供新創意、新想法，能夠開發更有策略價值的新領域、新課題、新產品，不斷形成人無我有的優勢，也因此成為最受歡迎的人，這些人往往可以獲得商務策劃師認證。

六、管理諮詢師

管理諮詢師能針對企業運用管理學的原理，進行從策略策劃到運用的一系列顧問活動，包括對企業識別設計、人力資源、流程再造、組織結構設計、行銷等方面進行策劃並指導實施。專家指出，目前管理諮詢的專業人才嚴重短缺。在未來十年中，管理諮詢業的專業人才需求將以每年十倍的速度成長。

七、律師

根據不完全統計，二〇一一年累計取得職業律師資格人數為一萬一千一百五十六人，到了二〇一八年，增加到一萬六千五百四十人，而聘請律師的企業也只占全部企業的極少部分，無論是數量還是品質都遠遠不能適應社會的需求。律師中高層次、高技能、複合型人才尤其短缺，從事國際性律師業務的專門知識和服務經驗不足，在涉外法律服務市場的競爭力較弱。

八、精算師

精算師與會計師、律師和醫生等職業相比，是一種人數不多、專業性更強的職業。二〇一九年的保險市場保費收入在全世界排名第十名，總家數為五十四家保險公司。而現有精算師的數量還遠不能滿足本國保險業發展的需要。

九、心理醫生

隨著社會的進步，人們越來越關心生活的品質了，不僅注重吃、穿、玩、身體健康、家庭和睦幸福等，還開始注重心理健康。健康包括生理健康和心理健康，這在醫學界已經形成共識。由於生活節奏加快，人們勞動的頻率尤其是腦力勞動的頻率也相應加快，心理負荷加重之後心理疾病也就相應增加。沒有心理疾病的人也渴望加強人與人之間的溝通。隨著身心失衡人數增加，除了用藥，心理治療也非常重要。但衛福部健保署統計，去年有二百一十一萬人因精神疾病就醫，目前從業中的心理醫生真的是忙不過來。從事有關心理諮詢的熱線電話、電臺、廣播報刊也越來越多，這也是國人注重生活品質的一個折射。心理諮詢是一門學問，並不是隨便什麼人都能當心理專家的。隨著國民素養的提高，人們對心理諮詢的專業性的要求也會越來越高。

十、網路服務

在二十一世紀初期，各國都大力發展網路技術和開展網路服務，網路服務創造的生產總值以不可思議的速度飛速成長著。網路服務職業在二十一世紀初期的二十年中是收入較高的職業，特別是從事網路設計開發的高級管理人員。資訊服務業的發展已有二十多年的歷史了，但從業人員數量還是不夠多。隨著全球資訊服務網的日漸精益求精，從事網路資訊服務的人員需求量也將會激增。

十一、醫藥銷售、中西醫師

進入二十一世紀以來，全球現代醫藥技術產業繼續呈現高速成長的趨勢，現代的生物技術產業已經成為醫藥產業進行國際競爭的焦點。同時，人口的老齡化和人們生活的日益富裕，使得醫療衛生產業中的醫藥銷售、醫學美容、中西醫師成為二十一世紀初最賺錢的職業之一。

【謀職攻略】

面對複雜的就業市場，求職者只有了解就業的市場的現況和需求，才能做到知己知彼，百戰不殆。

知己知彼，了解徵才公司的具體情況

了解你所要選擇的徵才公司，是求職過程中比較關鍵的一環。據調查顯示，如果徵才公司的面試官發現求職者對自己公司一點也不熟悉，那麼百分之七十五的面試官都不會對求職者產生好感。因此，面試前，求職者要詳細了解徵才公司的工作性質、業務範圍、行業特點及發展前景等相關資訊，以便在與面試官的交流中更好的展開互動，並給對方留下良好的印象，從而把握住成功的機會。

一家報社要招聘一名記者，苡彥是十名入圍者中的一員。作為一名剛出校門的大學生，無論從學歷、工作經驗上看，苡彥都無法與其他競爭對手相比，唯一值得一提的亮點是他曾經主辦過校報。

面試前，苡彥找出該報社的幾份報紙，仔細研究該報紙的風格、特色、定位以及主要專欄等，盡量做到心中有譜，他還記下了一些常在報紙上出現的編輯、記者的名字。

面試時，當面試官問他：「你了解我們的報紙嗎？」苡彥把對該報的認識詳細的講了一遍，包括它的風格、特色、定位、不足等方面，還列舉了一些編輯、記者的寫作風格和專長。說完，苡彥拿出該報社出版過的報紙，放在主面試官的面前。面試官被報紙上的紅色筆跡吸引了，原來，苡彥早已對這份報紙做了修改，修改內容包括：用詞、錯字、題文不符等。主面試官與其他評委們都對苡彥的做法感到很吃驚。

面試快結束時，苡彥才知道，在座的幾位評委都被他提到了，而且評價得相當準確。最後，苡彥挑了了幾份自己主編的校報，分發給各位評委，請他們提出寶貴的意見，並說道：「就當為我們學校打個廣告。」評委們都不由得對眼前這位剛出校門的大學生產生了好感。一個星期後，苡彥接到了該報社的錄用通知。

可見，求職者只有詳細了解徵才公司的具體情況，做好積極的面試前準備工作，面試才有可能獲得成功。相反的，如果對徵才公司的情況一無所知，面試時必敗無疑。

在一次的招聘會上，一家化妝品公司的主管讓應聘者說出幾款該公司所代理的品牌名字，沒想到求職者一個都答不出來。這位主管說：「應聘者對公司這麼陌生，甚至在求職前都不去了解公司的基本情況，很難想像他會對自己的職業生涯有所規劃。這樣不負責的人，我們肯定不會錄用。」

無獨有偶。一位學市場行銷科系的大學畢業生，滿懷信心去應試雅芳公司的銷售人員，他原以為「雅芳」僅僅是這家公司美麗的名稱而已，根本不知道「雅芳」是女性化妝品的註冊商標。因此，在面試時，當面試官問及他為何應徵該公司時，他不假思索的回答說：「我喜歡雅芳公司」。弄得嚴肅的面試官忍俊不禁，結果也就可想而知了。試想，一個對其產品一無所知人，怎麼可能會被錄取為推銷人員呢？

看來，對徵才公司不了解，會使求職者在面試過程中處處被動。求職過程中，如果不對徵才公司的業務背景有個大致的了解，甚至不清楚徵才公司究竟是做什麼的，就貿然向該公司投遞履歷或參加面試的話，遇到尷尬局面也就不足為怪了。所以，求職者在面試前要對應徵公司進行調查研究，了解徵才公司的具體情況，這是獲取有用資訊的必要和有效的手段。

面試有一個重要的評價要素，就是求職動機。如果主面試官問：「你對我們公司了解嗎？」要回答這樣的問題絕不僅僅是個說話技巧問題，因為它沒有什麼標準的答案。如果你沒有進行過調查研究，你的回答很可能就不著邊際，你可能自以為回答得很得體、很巧妙，但實際上卻答非所問。在面試過程中，你所回答每一個問題都要有根據，從徵才公司的具體情況考量做出回答，若離開這一點，你的回答就失去了根基，你的成功也就失去了保障。

古人云：「知己知彼，百戰不殆」。求職如同打仗，想要成功，必須對徵才公司的情況和自身條件有一個明確的認識，及時制定適合自己的，合理有效的措施和策略。那麼，對徵才公司應有哪些方面的了解呢？

一、了解不同企業的類型

目前，徵才公司大致分為四類：

(一)外國企業。其工作特點是：優厚的薪資福利，完善的培訓體系，全球化的工作環境，富有激勵性的企業文化氛圍和晉升制度，嚴格的績效考核體系，工作壓力大，需要富有創新精神和團隊精神的人才。

(二)民營企業。其工作特點是：機制靈活，機會多，成長快，收入較高，能鍛鍊多方面能力，為自主創業打下基礎，工作壓力大，小的民營企業失業風險大，需要有一定冒險精神和獨立性較強的人才。

(三)國有企業。其工作特點是：一些國有企業將退出競爭性行業，國有企業之間的效益和收入差距較大。因國有企業大都是國民經濟的支柱企業，需要有強烈責任感和使命感的人才。

(四)國家公務員。其工作特點是：比在企業裡要穩定，有機會實現自己變革社會的遠大抱負。工作環境相對寬鬆，平均年齡偏高，晉升相對緩慢，薪資待遇與福利相對較好，需要綜合協調能力較強的人才。

求職者提前熟悉和掌握準備應聘公司的相關資料，面試時根據徵才公司的具體情況，有側重點的強調自己某方面的特長，這樣面試成功的機率就會變大。

二、了解企業的具體情況

（一）知道企業是做什麼業務的。在求職前，應對企業經營的業務進行分析，清楚企業究竟是做什麼的，然後根據個人具體情況，分析企業的徵才職位是否與個人專業或興趣相符，再考量個人條件是否與職務要求相符，最後判斷是否要向該公司投履歷。

（二）行業的前途。企業的發展前途是與行業的前途息息相關的，若整體行業狀況不景氣，也必將對企業造成影響，如果不對行業的發展狀況進行分析研究，那麼就談不上企業的未來發展。

（三）企業規模。透過調查了解企業的員工人數、固定資產以及每年的銷售業績等情況，就會對這個企業的基本規模心中有數了。

（四）企業的資產情況。透過了解企業的資產內容，如公司的不動產情況、公司的工廠、公司所擁有的其他子公司的情況，公司在金融部門的貸款擔保能力等，可以對該企業的資產狀況有一個大致的了解，從而便於判別企業的實力。

（五）企業的特色。企業的特色是一個企業賴以生存的重要因素，沒有特色的企業是沒有發展前途的，甚至可能會逐漸被淘汰出局。

（六）工作強度。不同的工作職位需要不同的勞動強度。有的在體力上要求高，比如工人；有的在腦力上勞動強度大，比如新產品的開發研發部門；有的對兩者均有要求。比如建築設計人員和教師等。求職者在擇業時應了解清楚自己所應徵職位的工作強度，以便結合自身的具體情況加以考慮。

（七）未來發展。求職者要了解徵才企業經營者如何考慮企業的未來發展，是否在進行上市的準備。因為。任職企業的發展前景將直接影響和決定個人發展的前途。

三、獲取徵才公司資訊的途徑

（一）網路查詢。當今時代已是資訊化時代，我們要充分利用高科技帶給我們的資源。現在的網路幾乎無孔不入，所以關於應聘公司及應聘職位，透過網路查詢我們可能會獲得許多意想不到的資訊。大多數公司在招聘時，會將公司的大致情況公布在網路上，求職者可以透過網路掌握公司的基本情況，包括：企業成立的時間、企業的規模、主要業務等，了解一些對自己有用的資訊，對於面試有很大的幫助。

（二）直接訪談。親自到徵才公司進行訪問。直接訪問的對象可以是公司負責人，也可以是一般職員，如祕書、司機等。訪談可以採取問卷、實習考查、新聞採訪等多種形式。訪談次數可以是一次也可以是多次。採訪前最好要預約，得到允許後再登門採訪。採訪時要注意禮儀，態度要誠懇、謙虛，言談舉止要自然得體、落落大方，要有氣質和活力，話題要集中，盡量引起被採訪者的興趣，注意訪談時間不要太長，以免影響他人的工作，訪談結束時要誠懇的表示感謝。

(三)間接訪談。指請人代替你對所要應徵的公司進行訪談。你可以請親友、同事、同學等關係比較密切的人採用直接或間接的方式幫你取得你所需要的情報與資訊。你要充分利用可以利用的人力資源去獲取寶貴的資訊。盡量多與人溝通，讓他們知道你想要了解的資訊。

(四)專家諮詢法。你可以向就業指導專家諮詢有關你所要應徵的公司和職位的各方面資訊，如果該專家是真正的就業指導專家，你將獲得非常有價值的資訊。但由於專家諮詢業務較少，所以不要盲目的相信專家的建議，最好與其他方法結合起來運用。如果你有幸能接觸到善於工作分析和人員甄選錄用的人力資源管理專家，聽聽他們的建議將會大大增加你成功的機會。

(五)資訊共用。指與人合作尋找資訊，然後彼此交換資訊。例如，你想去臺北市政府財政局應徵，而你的一個同學想去行政院主計總處應徵，但你們彼此都不願去做直接訪問，這時你們就可以做一個協議，由你去主計總處訪談，你的同學去財政局訪談。訪談結束以後，互相交換資訊，達到資訊共用的目的。

(六)文獻資料法。這種方法用於了解總體的和原則性的問題。例如，你可以透過閱讀各種報刊雜誌、新聞報導、調查報告等了解國家的經濟、政治形勢以及行業形勢和政策，這對於職業聲望調查，行業比較調查都有參考價值；你可以去應聘的公司查閱其內部報刊、文件、規章，這是有實際價值的資訊源。在查閱有關資料時，要做一個積極的思考者，努力從浩瀚繁雜的資訊中提取真實、有用的資訊。

【謀職攻略】

面試前，求職者應了解徵才公司的招聘需求，做好充分的準備，努力給徵才公司留下一個好印象，這樣就業的機率就會有所提高。

搜集就業資訊，贏得擇業的主動權

找工作首重的就是獲取資訊，不了解哪裡需要人，哪個職位適合你，何談應聘求職？所以，對求職者來說，最關心的莫過於能及時得到更多的就業資訊。從一般意義上講，誰能擁有更多、更有效的就業資訊，誰就將贏得擇業的主動權。

就業資訊是指徵才公司所發布的、經過加工處理後對擇業者具有一定價值的就業資料和情報。只有當求職者掌握了大量的徵才公司資料時，才有可能經過整理、分析、對比，做出最佳選擇。所以搜集就業資訊要做到「早」、「廣」、「實」、「準」：「早」就是收集資訊要及時，早做準備；「廣」就是資訊面不能太窄，要廣泛收集各方面、不同層次的就業資訊；「實」指收集的資訊要具體；「準」就是要做到準確無誤。

擇業決策的過程實質上就是一個與擇業有關的資訊搜集、處理和轉換的過程。在擇業過程中，無論是職業目標的確定、求職計劃的設計，還是決策方案的選擇，就業資訊的搜集和處理都是基礎。所以，求職者應當及時、全面的掌握有關就業方面的種種資訊，並認真的對這些資訊進行篩選和整理。

有些求職者由於沒有經驗，求職方式以及獲取資訊的管道非常單一：有的只從親戚或朋友口中獲取資訊；有的只從招聘會上獲取資訊；有的只從報紙上獲取徵才資訊；有的整天坐在電腦前從網路上尋找資訊……顯然，獲取資訊的管道太單一，得到的資訊就不會很多，當然就業的機會也就少了。有些求職者到了招聘會場發現，還有好幾家企業也正在招聘員工，但之前他卻不知道這幾家企業急需人才，結果終因準備不充分，面試答辯沒有切中企業徵才要求的重點，失敗而歸。對於主面試官而言，一個對本企業沒有絲毫認識的人，他們是絕對不會錄取的。

收集就業資訊，關鍵是要暢通資訊管道，把握資訊的準確度，並結合自己所學的專業和特長，有所側重。

在求職過程中，獲取資訊的管道很多，下面介紹幾種。

一、主動與徵才公司聯絡或透過社交活動獲得資訊

求職者透過電話諮詢、登門求訪、信函詢問等方式，或者在畢業實習、參加社交活動等機會中，對相關公司的人才需求情況進行了解，也可以藉此獲取所需要的就業資訊。

二、學校畢業生就業指導機構

學校的畢業生就業指導機構專門負責畢業生就業的指導、諮詢和安置工作，是畢業生獲取求職資訊的主要管道。學校的畢業生就業指導中心，往往與上級主管部門和有關徵才公司保持著廣泛而密切的聯繫，而且經過多年的工作實踐與長年合作聯繫，與業界已形成穩定的關係。

三、傳播媒介

傳播媒介不僅傳播速度快，而且涉及面廣。因此，許多徵才公司均透過新聞媒介，如廣播、電視、報紙、雜誌、電話等，介紹企業現狀、發展前景及人才需求情況。對求職者來說是一個巨大的資訊源。

四、就業市場

就業市場擁有大量的職業需求資訊，這些資訊主要包括：職業供需分析以及產業前景預測資訊、最新的勞動就業政策法規、職位空缺資訊、職業培訓資訊，以及其他就業市場訊息。只要你把握好機會，就會大有收穫。

五、街頭廣告

當人們在車站等車時，常常可以從公告欄中發現許多徵才、招聘資訊。同樣的，當人們漫步街頭，也會看到四處張貼的各種徵才、招聘啟事。入夜後，更有色彩斑斕的霓虹燈看板，傳遞著招聘資訊。總之，招聘資訊就在你身邊，不要讓它悄悄溜走。

六、社會關係

一般來說，社會關係主要包括：親戚、父母輩的同學、同事及朋友、鄰居和周圍的熟人、以前或現在的老師、校友、其他求職者等。尤其值得注意的是，老師能夠利用老同學、自己的學生、合作企業等關係，獲得具有針對性的資訊，這些資訊經過老師的篩選，可靠性較強，而且與畢業生的就業意願和所學專業往往較為一致，對於畢業生求職擇業是非常有利的。

七、參加各種考試

考試是一種較「公平」的機會，如果沒有顯赫的學歷、經歷背景，也沒有亮麗的外表和口才，參加各種招聘錄用考試是有用的求職管道。經由考試獲得的工作機會通常比較有保障。目前有許多國家公務員招聘考試，很多民營企業也利用公開招考的方式來招募人才。

八、網路

網路是近年來興起的新型溝通傳播方式，網路上求職的特點是資訊流量大、更新快、徵才公司和求職者交流便捷、迅速。目前，教育部、勞動部、各類學校及商業機構都在網路上開闢了網站，設有「就業政策」、「就業指導」、「人才資料庫」、「資訊服務」、「推薦網址」等專欄，求職者可由此方便快捷的得知用人資訊。

【謀職攻略】

就業資訊是擇業的基礎，是走向徵才公司的橋梁。誰獲得了就業資訊誰就獲得了就業主動權，誰收集的就業資訊越多，誰的擇業範圍就越大，誰就更能主動的掌握自己的命運。

了解職位需求，做到有的放矢

對企業職位需求了解不多是很多求職者的求職障礙。有些求職者並不知道招聘職位的職責分工是什麼，只能從字面上去理解。

一家公司「營業服務部」所屬的商品企劃室招聘人才，結果許多大學生看到「服務」二字，就以為是做服務業的，因而不去應聘。而當公司把「服務」兩字去掉後，馬上就有很多人投履歷。有鑒於此，這家企業的人事主管告誡求職者，如果對職位的職務內容有不明白之處可以詢問徵才公司，不要單從字面上去片面理解，這樣很可能會走許多彎路，或者會錯過一個好機會。

對職位的不了解反映出了應聘者對面試一事的盲目性。對所要從事的職位的職責和工作都不了解，即使面試成功，以後展開工作也是問題。

大部分求職者都有過這樣的經歷，主面試官經常會問：你對你要應徵的職位了解嗎？你為什麼要應徵這個職位？假如你被錄用後。將如何為我們工作呢？

面對這樣的問題，如果你不了解職位需求，你將會無言以對。相反，如果你熟悉職位的需求，你將會成為強有力的求職者。因此，求職者需要詳細了解職位需求、日常職責、企業職前培訓等內容，來明確具體的職位要求。

求職職位的各種資訊包括工作性質、核心職能和職責、對工作人員的知識、能力、心態的要求等。求職前，你要盡可能透過調查研究以及個人接觸來了解工作的性質、職務、責任以及這些職務在整個公司中所扮演的角色。對於所應徵的職位，必須清楚需具備的基本專業技能和職業素養，並依據職位要求向面試官全面展示。如一名求職者應徵職位為會計，面試前需對會計職位的工作內容、流程以及一般問題的解決方法有所掌握，並且時時刻刻都要展現出嚴謹、細緻的一面，如對日期、資料等資訊的敏感度，書寫字跡的清晰、工整等。尤其專業方面的基礎知識應該熟練掌握，以免面試官現場進行突襲考核。

在面試前，求職者一定要盡可能多的獲得求職職位的各種資訊，以做到在面試中有的放矢。

下面就常見職位的特點與要求作一些簡單介紹。

一、管理類職位

管理類職位需要應聘者具有相關的專業知識，通曉有關的專業政策，並具有相應的工作協調能力、社交能力和領導工作能力，認真負責、依法辦事、堅持原剛、嚴已律己、講究實效。

二、科學研究類職位

科學研究工作的性質決定了其要求從業者具有扎實、全面的基礎知識和專業知識，具有發現問題、分析問題和解決問題的能力以及追求真理的科學精神。

三、文化新聞類職位

應聘者要有較高的政治敏感度和組織活動的能力，熟悉語法、修辭、邏輯等基礎知識和有關的專業知識，且要求發音標準等。

四、工程技術類職位

工程技術類職位要求應聘者在掌握相關專業知識的基礎上具備籌劃、論證、設計、組織、實施以及解決各種工程技術實際問題的能力，工作要認真細緻、一絲不苟，理論結合實際，積極深入生產線。

五、教育職位

教育工作的特點要求應聘者在具有較高綜合素養的基礎上，還應具備以身作則、為人師表的良好品質，具有廣博的知識累積，良好的語言文字表達能力和一定的教學組織和管理能力。

六、醫療衛生類職位

應聘醫療衛生公司的基本條件：接受過醫科學校的專門培訓，並取得合格的成績，具有良好的專業素養、正確分析和診斷病情的邏輯思維能力、精確細緻的實際操作能力和堅定果斷的心態。

【謀職攻略】

求職前，只有對於所應徵的職位有一個清楚的了解才能在面試中有的放矢的發揮，不斷展現個人的職場魅力，來贏得企業的認可。

做好職業諮詢，規劃職業人生

職業諮詢是包括求職、就業、創業指導、人格特質評量、職業生涯規劃、職業心理諮商等一系列相關業務的人力資源開發諮詢服務。

目前，很多人都面臨職場困惑，職業發展不能讓自己滿意，因此，職涯設計和規劃的理念逐漸深入人心，職業諮詢已經成為求職者職涯定位的重要標準，他們把自己關於職業藍圖方向不明的種種困惑交給從事職業諮詢的專業人士，由專家運用心理學、社會學等多學科的知識，為自己提供尋找職業以及發展過程中遇到的有關問題的建議、資訊和分析。

宛君大學畢業時曾經面臨兩難的選擇，她拿到了北部一家小公司的入職邀請函，同時又可以回家鄉所在地的一個很好的公司就職。前者是一個比較低的起點，但會有十分廣闊的發展空間。後者雖然缺乏挑戰性，但非常安穩。宛君不知道自己更適合哪種選擇，彷徨了很長時間以後，她終於決定去向一家諮詢公司求助。在諮詢師的幫助下，她分析了自己的性格和價值取向，明確了兩種選擇會帶來怎樣不同的職業前景，以及將要面臨的問題。經過一番考慮，她終於拿定主意，留在了北部。現在已經小有成績的宛君認為，那位諮詢師的指導對她的職業選擇具有很重大意義。

王立軍是中文系學生，大學畢業後到一家出版社工作。最開始由於他出身名校，上司對他很重視。但是工作一年後，上司對他的態度由重視變為冷淡。他寫的稿件也屢屢被退稿。王立軍感到很苦惱。工作成了他的負擔，他對自己也失去了信心。在一位諮詢行業的朋友的介紹下，他抱著究竟適不適合做記者的疑問，來到一家人才諮詢公司尋求幫助。諮詢師仔細詢問了他的情況，發現了王立軍有不關注細節、不夠踏實、情緒不穩定等毛病。然後對症下藥，提出了一些具體可行的建議，認為王立軍剛應從認識自己、認識職位、降低期望值三方面鍛鍊自己。王立軍聽完分析之後，覺得合情合理，內心對工作的抵觸情緒消解了很多。他知道自己今後該怎麼辦了，於是躊躇滿志的離開了。

從某種意義上講，宛君和王立軍都是幸運的，他們在彷徨和迷惑中又重新找到了自己的方向。從他們的故事中可以看出職業諮詢的重要性。

現實生活中，不少求職者對於自己將來的職業沒有一個非常明確的定位，不知道自己將來想要做什麼？他們從學校走向社會，許多人一開始根本沒有考慮到事業發展會怎麼樣，在找工作時不是看重企業實力，就是看重薪水的高低，但是並沒有考慮到自身的發展問題。因此，進行職業諮詢，針對個人特點，確立未來發展方向，對一個人的一生來說，顯得格外重要。

諮詢是一個交流的過程，可以針對每個人的實際情況提供具體的資訊、策略與方法。如果把一個人的職業生涯比作一次旅行，那麼職業諮詢就像是為你畫一張地圖，有了它，走在路上的人心裡會很踏實，將要起程的人則方向更明確。職業諮詢不是算命，雖不能告訴你什麼工作最好，但是可以幫你看清自己的位置，看到更多更好的路徑，少走彎路。

大學畢業剛剛的李晉依雖然對職業前景缺乏了解，但卻很關心自己的前途。看到大家找工作前都在忙著做職業生涯規劃，自己也找到職業顧問，說：「我不想做檢測，只想請你幫我規劃一下。」職業顧問耐心的告訴他：「關鍵是你沒做過評量，我們不了解你的潛質，怎麼針對你的特質給出建議？就像醫生沒有根據病人給的病情描述來分析、確診，就沒辦法開處方一樣，職業是人生最大事，不能胡侃亂說而誤人前途，希望你能正確理解。職業定位就是要為職涯目標與自己的潛能以及主客觀條件相配合以謀求最佳選擇。良好的職業定位是以自己的最佳才能、最優性格、最大興趣、最有利的環境等資訊為依據的。職業定位過程中要考慮性格與職業的相配、興趣與職業的相配、特長與職業的相配、專業與職業的相配等。」聽了顧問的話，李晉依欣然做了職業適性診斷測驗和職業規劃，並拿著職業顧問提供的測驗報告和諮詢報告，高高興興去找工作了。

可見，職涯規劃諮詢是建立在理論基礎上為求職者選擇合適的職業發展道路和職業環境的一種規劃，是站在發展的、動態的角度去做規劃。

職業怎麼發展，是有一系列統計與研究的，所得出的理論實際上就是職涯設計的過程或者方法。求職者透過專業的職業諮詢，能夠準確進行自我定位，合理規劃職業人生，列出具體的措施和日程，透過具有前瞻性的職涯設計規劃，減少在人生路上徘徊猶豫、浪費時光，為主動迎接未來職業發展的挑戰做好充分準備。

目前的職業規劃諮詢機構基本可以分為四大類，服務對象各有側重：

第一類，政府公益性的就業指導服務部門。

第二類，盈利性的專業服務機構。這是目前職業諮詢行業的主力軍，也是發展最快的。隨著該行業的興起和發展，各類職業顧問、職涯規劃設計公司不斷湧現。服務對象為各類遇到職業困惑的職場人士。

第三類，高中大學就業指導部門。各個學校的畢業生就業服務中心也都有職業指導師、職業諮詢師針對該校學生進行職業指導。服務對象主要為在校學生。

第四類，一些人力銀行的職業諮詢部門。這些部門在從事人才仲介、獵頭等業務的同時也兼帶一些諮詢服務。服務對象主要為中高級的跳槽、求職人士。

根據上述四類機構服務對象的重點，在選擇職業諮詢機構時，不妨透過上網、電話諮詢等方式，了解一下諮詢機構的背景和服務性質。選擇正規、專業度高的職業機構很重要，而且對職業諮詢也要有合理的期望值，過分倚重和過高的期待最終都於事無補。

【謀職攻略】

職業諮詢，能幫助求職者分析出你的長處短處，更好的認識自我，幫你判斷自己更合適做什麼方面的職業，從而找到合適自己的發展之路。但職業諮詢和規劃不是萬能的，更不是靈丹妙藥，它不能替代個人的主動努力，找一份合適的工作，取得事業成功，還需要相信自己和腳踏實地的努力。

小履歷大學問，讓你從眾人之中脫穎而出

個人履歷是求職者成功應徵的「入場卷」，在求職擇業中起著舉足輕重的作用。一份高品質的求職履歷，是建立良好印象的基礎，也是取得面試機會的基礎。所以，求職者一定要透過求職履歷向徵才公司表達自己的求職願望和理由，展示自己知識、能力和經歷，提出求職意願，準確、全面的反映自身的綜合素養，以吸引徵才公司的注意，從而最終得到一份滿意的工作。

一、個人履歷的主要內容

一、個人基本資料

一般要寫明姓名、性別、出生地、地址、聯絡電話、手機、電子郵件等基本資料。

二、求職意願

這是在個人履歷中必須寫明的內容，而且求職意願要盡可能是具體的，那些不寫自己的求職意願或是「全能」的求職意願，往往會讓招聘人員覺得應徵者目標不明確而不予以考慮。

三、教育背景

教育背景是反映求職者受教育的情況，一般只寫在大學期間的情況，採取倒敘的方式，內容包括畢業的學校、所學科系、主修課程、得獎經歷、培訓情形（特別是與你所申請的職位相關的）等。

四、工作經歷

工作經歷（大學階段的實習經歷）是求職者理論知識技能應用到實踐中去的有力證明，也是眾多徵才公司關注的內容。主要包括兩個方面：

（一）學校實踐的經歷。在學校的學生會、班級以及在各種社團、協會的任職情況，包括具體的職位和工作的主要內容以及取得的成績等。

（二）公司工作的經歷。列舉曾任職的公司、部門具體的工作，並能具體說明所取得的成績或收穫。如果只是在實習公司呆過很短的時間，並不了解公司的基本情況，這種經歷就沒必要寫到履歷中，以免在面試時無法回答相關的提問。

五、個人能力

個人能力是專業知識和社會經歷，是反映求職者綜合素養的重要組成部分，包括外語能力、電腦軟體能力以及其他對自己求職有利的技能和關鍵技術。

六、自我評價

自我評價一般可寫可不寫，如果要寫的話，可以適當的對自己的性格特徵、特長、興趣愛好等方面進行描述，力求客觀真實，不要運用太多對自己褒揚的詞彙，也可附上相關的測驗報告。

二、履歷的類型

一般來講，有下面幾種履歷類型，分別適合不同的求職者：

一、時間軸型履歷，它強調的是求職者的工作 經歷，大多數應屆畢業生都沒有什麼工作經歷，所以，這種類型的履歷不適合應屆畢業生使用。

二、功能型履歷，它強調的是求職者的能力和特長，不注重工作經歷，因此對畢業生來說會是比較理想的履歷類型。

三、專業型履歷，它強調的是求職者的專業、技術技能，也比較適用於畢業生，尤其是申請那些對技術水準和專業能力要求比較高的職位，這種履歷最為適合。

四、業績型履歷，它強調的是求職者在從前的工作中取得過什麼成就、業績，對於沒有工作經歷的應屆畢業生來說，這種類型的履歷不適合。

五、創意型履歷，這種類型的履歷強調的是與眾不同的個性和標新立異，目的是表現求職者的創造力和想像力。這種類型的履歷不是每個人都適用，它適用於廣告策劃、文案、美術設計、從事研究的研發人員等職位。

三、撰寫履歷的原則

一、實事求是，揚長避短。履歷中所提供的資訊必須是真實、可信的；但這並不是要你把所有關於你的事情都寫進去，要採取揚長避短的原則。個人履歷的主要作用就是讓徵才公司了解你勝任某項工作的資格，所以，與之有關的對自己不利的內容完全可以不在履歷上出現。例如附上照片，應考慮所應徵的工作要求以及自身條件來恰當選擇。有的工作，如公關、祕書，比較注重相貌，一般來說應當附上照片；有的工作，如設計、檢驗等不太注重相貌，一般可以不附照片；但是，如果你確實有漂亮的五官，最好不要埋沒，可以在個人履歷上貼上自己的近照。

履歷的作用是推銷自己，如果你有什麼特長，盡量在履歷上表現出來，讓徵才公司發現你的價值。切忌過於謙虛，不好意思向別人陳述自己的優點和成績。如果你不說清楚你能做什麼，那又有誰會知道你是一個有用的人才呢？所以在履歷上，不僅要列舉你所做過的工作，更應該強調你能從事某項工作的技能以及你所取得的成績和證書。

二、知己知彼，有的放矢。寫履歷之前應該站在徵才公司的角度想一想：企業招聘這個職位的要求是什麼？企業需要什麼樣的員工？搞清楚這個問題後，寫履歷才能做到有的放矢。要針對徵才公司的職位要求，寫出自己相應的特點、特長、特別經歷，要強調你有哪些技能、能力、資質、成績能夠滿足公司的需要，能夠給公司帶來什麼樣的利益，能夠為公司做出什麼樣的貢獻。所選的經歷應該是最近兩年發生的，盡量與應徵職位相關，但若是自身獨特的經歷也應該保留。

三、精心設計，語言簡潔。撰寫個人履歷要慎重思考，不能草率的提筆就寫，或者從網路上下載別人的履歷，換成自己的名字就寄出去。撰寫履歷之前，要認真的審視自己，了解自己的個人優勢在哪裡，了解徵才公司和欲應徵職位的需要。要寫進履歷的內容很多，但要精心挑選，突出重點。一般情況下，一份履歷以一到兩頁為宜，不能太長。繁忙的招聘人員往往只用三十秒的時間翻看應徵履歷，對於超過兩頁的履歷會感到不耐煩。所以起草履歷時，初稿可以多寫一些，把有關內容都寫上，然後，再根據所應徵職位的需要進行刪改，自己推敲每一個詞、每部分內容，把必須寫上的內容用最簡潔的語言表達出來。

四、準確無誤，避免錯誤。一份好的履歷必須在用詞上、術語上及撰寫上準確無誤。撰寫時，要對原稿反覆修改、斟酌，確定沒有任何錯誤後，再列印出來。萬一列印以後又發現錯誤，千萬不可以手寫修改後就投遞給徵才公司，這樣會讓徵才公司覺得你對自己的事情都不用心，一定也不會認真對待工作。總之，一份準確無誤的履歷能使徵才公司感到你很重視這份工作，是個認真仔細的人。

四、履歷的範本

個人履歷

個人資料

姓名：

性別：

學歷：大學畢業

聯絡電話：

聯絡地址：

電子郵件：

教育背景

畢業院校：師範大學中文系

所學課程：祕書學、祕書寫作、公關實務、談判學、人際心理學、公共關係、公關語言、應用寫作、政治經濟學、哲學、外國文化史、檔案管理學、中國文化史等。

證照與培訓：

日本語能力試驗二級合格證照。現正進修專業祕書暨行政管理師認證班。且本人有駕駛執照。

工作經歷

一九九五年五月——一九九七年，某某公司櫃臺接待在此期間工作認真負責，深受上司和同事的好評。

一九九七年六月——至今，某某公司辦公室祕書

負責辦公室管理工作；文書寫作、文件列印等；機票、飯店預訂等工作；協助上司進行重要排程；協調與其他各部門的關係，做好收發來往信件，訂購辦公用品及其他辦公事務。

個人簡介

多年的行政工作，使我深深體會到祕書工作的重要性，更喜愛上了這個工作。這是一個需要很多責任心和細心去完成的工作。我的中文打字速度每分鐘一百字以上；日語的聽、說、讀、寫能力達到二級水準（目前正在進修專業祕書暨行政管理師證認）；善於進行社交活動，更有組織各種文藝活動的經驗；能夠熟練的運用辦公室文書軟體製作報表與投影片簡報，能協助上司進行高效的辦公室日常工作。本人工作認真、負責、一絲不苟且具有很強的責任心和進取心。

業餘愛好

愛好廣泛，常是公司的文藝活動籌辦人，性格踏實勤勞，工作認真，責任心極強。

本人性格

溫和、謙虛、自律、自信。

相信貴公司會覺得我是此職位的合適人選！

期盼與您的進一步面談！

【謀職攻略】

履歷是求職者自我推銷的廣告，別人的認可與否，首先要看你的履歷。雖然履歷不能給你一份工作，但它卻能為你贏得面試的機會，進而充分展示個人的能力和才華，達到被錄用的目的。因此求職者總要先在履歷上費心思進行雕琢。

寫好求職信，助你順利進入面試關卡

求職信，也稱自我推薦信，是求職者向徵才公司或公司負責人介紹自己的實際才能、表達自己就業願望的一種書信。對徵才公司來講，它直接涉及到求職者留給對方印象的好壞，並決定著求職者能否透過徵才公司的「初選」。求職信起到毛遂自薦的作用，好的求職信可以拉近求職者與人事主管（負責人）之間的距離，獲得更多面試機會。

一般的公司在徵才啟事中，只會要求應徵者寄上履歷及自傳。個人求職信是應徵者主動表示自己對這份工作的熱衷之一種表現。也就是說，履歷及自傳是被動的，是一種求職過程中所必備的檔。而求職信則是主動的，是求職過程中附帶的，但具有爭取面談機會的一種半正式溝通作用。

在求職過程中，寫求職信是非常重要的一項內容。在求職信中，如果你能夠將自己最吸引對方的東西寫出來，把自己的特長、能力恰到好處的說出來，從而吸引和打動對方，那麼你就成功了一半。

意大利著名畫家達文西就是寫求職信的高手。他的求職信獨具匠心、別出心裁，足可以為今天的求職者所借鑒。

一四八二年，三十一歲的達文西離開故鄉佛羅倫斯來到米蘭。他給當時的最高統治者——米蘭大公盧多維科寫了一封求職信，希望謀得一個軍事工程師的職位。全文如下：

致米蘭大公書

尊敬的大公閣下：

來自佛羅倫斯的作戰機械發明者達文西，希望可以成為閣下的軍事工程師，同時求見閣下，以便面陳機密：

一、我能建造堅固、輕便又耐用的橋梁，可用來野外行軍。這種橋梁裝卸非常方便。我也能破壞敵軍的橋梁。

二、我能製造出圍攻城池的雲梯和其他類似設備。

三、我能製造出一種易於搬運的大炮，可用來投射小石塊，猶如下冰雹一般，可以給敵軍造成重大損失和混亂。

四、我能製造出裝有大炮的鐵甲車，可用來衝破敵軍密集的戰隊，為我軍的進攻開闢道路。

五、我能設計出各種地道，無論是直的還是彎的，必要時還可以設計出在河流下面挖地道的方法。

六、倘若您要在海上作戰，我能設計出多種適宜進攻的軍艦，這些軍艦的防護力很好，能夠抵禦敵軍的炮火攻擊。

此外，我還擅長建造其他民用設施，同時擅長繪畫和雕塑。

如果有人認為上述任何一項我辦不到，我願在您的花園或您指定的其他任何地點進行試驗。

向閣下問安！

達文西

米蘭大公收到此信不久就召見了達文西，在短暫的面試後，就正式聘用達文西為軍事工程師，待遇十分優厚。

以上只是這封著名求職信的譯文，已經初步體現了求職信要求的「簡練、生動、準確」等特點。

求職信屬於專用書信，書寫時一定要符合書寫格式和書信語言的禮儀規範，求職者以書面形式與徵才公司進行的第一次接觸，因此求職信是「雙向選擇」的橋梁，是徵才公司決定取捨的首要依據。求職信寫得如何事關求職的成敗，所以要注意求職信的寫作技巧，寫出高品質的求職信，接受徵才公司對自己的一次非正式考核。

一、求職信的結構

求職信的結構一般有標題、稱呼、正文、結尾和落款五個部分。

一、標題

標題是求職信的標題，要求醒目、簡潔，要用較大的字體在信紙的上方標注「求職信」或「自薦信」三個字，顯得大方、美觀。

二、稱呼

稱呼寫在第一行，要頂格寫收信者公司名稱或個人姓名。

稱呼要恰當，對於不知道如何稱呼的收信者，可寫成「人事處負責主管」、「尊敬的某某公司負責人」等等；對於明確了徵才公司負責人的，可以寫出負責人的職務、職稱，如「尊敬的林教授」、「尊敬的蔣處長」、「尊敬的劉經理」等等。稱呼寫在第一行，頂格書寫，之後用冒號，另起一行，寫上問候語「您好」。

三、正文

正文部分是求職信的重點，需簡明扼要並有針對性的概述自己，突出自己的特點，並努力使自己的描述與所應徵職位的要求一致，切勿誇大其詞或不著邊際。許多已寫在履歷中的具體內容不應在求職信中重複。

寫正文時，要另起一行，空兩格開始寫求職信的內容。正文內容較多，要分段書寫。首先簡要介紹求職的原因及求職者的基本訊息，如：

尊敬的×××先生：

您好。

我叫婉菁，今年二十三歲，女。是一名服裝設計科系的大學畢業生。從網路上看到貴公司招聘一名服裝設計師的訊息，不勝喜悅，以本人的水準和能力，我不揣冒昧的毛遂自薦，相信貴公司定會慧眼識人，使我有幸成為貴公司的一名服裝設計人員。

這段是正文的開端，也是求職的開始，介紹自己所認識到的公司相關情形要簡明扼要，吸引受信者有興趣將你的信讀下去，因此開頭要有吸引力。

其次，對所謀求的職務的看法，以及對自己的能力要作出客觀公允的評價，這是求職的關鍵。要特別突出自己的優勢和「亮點」，以使對方信服。如：

我於二〇二〇年七月畢業於臺北實踐大學服裝設計系。畢業成績優秀，在學校服裝設計大獎賽中，獲得『第一名』的好成績（見附件），在某某雜誌上發表過學術論文（見附件）。我在許多平臺上都看到過關於貴公司的介紹，非常喜歡貴公司的工作環境，也欽佩貴公司的敬業精神，又很讚賞貴公司在經營、管理上的一整套切實可行的規章制度。這些均體現了在當前百花爭鳴的業界中，貴公司的超前意識。我十分願意到這樣的環境中去全力拼搏，更願為貴公司貢獻我的所學和力量。我相信，經過努力，我會做出傑出工作表現的。

寫這段內容，語言要中肯，恰到好處，態度要謙虛誠懇、不卑不亢。要給收信者留下深刻印象，進而相信求職者有能力勝任此項工作。

再次向受信者提出希望和要求。如：「希望您能為我安排一個與您見面的機會」或「盼望您的答覆」或「靜候您的佳音」之類的語言。這段屬於信的內容的收尾階段，要適可而止，不要囉嗦，也不要勉強對方。

四、結尾

另起一行，然後換行頂格寫祝「工作順利」、「事業發達」相應詞語。結尾不必過多寒暄，以免「畫蛇添足」。

五、落款

落款處要寫上「自薦人：某某某」的字樣，並標注正體的年月日。如果是列印文件，署名處要留白，由求職人親筆簽名，以示鄭重和敬意。

二、求職信的撰寫要點

完美的求職信能使自己的實力得到淋漓盡致的展現，使徵才負責人拆閱你的求職信時能感覺到眼前一亮，從而有可能獲得面試的機會，踏出邁向求職成功之路的第一步。完美的求職信主要需掌握以下幾點：

一、實事求是，言簡意賅

堅持實事求是寫求職信的原則，用成就和事實代替華而不實的修飾語，恰如其分的介紹自己。要突出重點，針對某一公司的某一職位而求職的效果會更好。文筆要順暢，字跡要工整，求職信是徵才公司對求職人的一次非正式的考核，徵才公司可以透過信件了解求職者的語言修辭和文字表達能力，可以說求職信是徵才公司對求職者取得第一印象的憑證。另外，寫求職信應該言簡意賅，切忌廢話連篇。篇幅不應過長，一般以八百字以內為宜。

二、富於個性，強化針對性

求職信的首要目的是力求吸引對方，引起對方注意，切忌客套話連篇。因此，求職信在講求規範的基礎上，也要突出自己的特色，富有個性。由於徵才公司對求職信的要求不盡相同，求職信也應根據不同的應徵需要而有所變化。對於不同的公司，你最好不要送上相同的求職信。比如，如果給外資企業去信，最好用中文和英文各寫一封；如果企業招聘的是技術或檔案管理人員，切忌大談自己有多麼的好動，生性是多麼的活潑；如果公司需要的是從事行銷、公關或管理工作，可突出你的組織能力、協調能力和自信心，這樣才能「投其所好」，贏得面試機會。每個人都會有那麼幾點得意之處，只要對求職有幫助，小事也可以體現成績。

三、樸實誠懇，以情動人

求職信中，既要有客觀的內容，如對自己多年以來知識能力水準的描述和界定，也要有主觀的情感，如對工作機會的渴望、對徵才公司的感謝等。客觀部分應真實坦誠、不誇誇其談、不自我賣弄，要做到樸實無華、真誠可信。主觀部分則要言出由衷，以情動人。

這就體現在求職信的「求」字上，既不能是哀求，顯得自信心不足，也不能是賜予，好像去應徵是給對方面子。要求得有藝術、求得不著痕跡，既要讓徵才公司感受到你的誠懇和期望，又要讓徵才公司對你產生神祕感、產生想見你一面的欲望，這樣的求職信才算是大功告成了。

四、字跡工整，一目了然

古人云：「字如其人，文如其人。」如果你的文章流利，字又寫得漂亮，這首先從起步上就壓倒了其他競爭對手，真誠流暢的把你的工作態度、精神狀況、性格特徵介紹給對方，再加上你的求職條件，就會使你在眾多的求職者中取勝。事實上，工整的字體使人心情舒暢，潦草的字跡令人生厭，這也是我們每個人都體驗過的感覺。所以，為了達到你的求職目的，就應該將你的求職信書寫工整，讓人一目了然、賞心悅目。

三、求職信範文

尊敬的人事處負責主管：

您好！

感謝您閱讀我的求職信，我知道這會占用您一些寶貴的時間．我叫某某某，交通大學工業工程與管理學系畢業，取得工業工程學士學位。

四年來，在師友的嚴格教益及個人的努力下，我具備了扎實的專業基礎知識，掌握了機械設計基礎、材料實驗技術、焊接冶金、材料連接基礎、材料連接方法與工藝等有關理論；熟悉社交工作常用禮儀；具備較好的英語聽、說、讀、寫、譯等能力；能熟練操作電腦辦公軟體及工業製圖軟體。同時，我利用課餘時間廣泛的涉獵了大量書籍，不但充實了自己，也培養了多方面的技能。更重要的是，嚴謹的學風和端正的學習態度塑造了我樸實、穩重、創新的性格特點。

隨函附上履歷表及學歷證件副本，懇請閱覽，並希賜與面試機會。

再次真誠的對您表示謝意！祝願貴公司事業蒸蒸日上！

某某某謹上

二〇〇九年二月八月

【謀職攻略】

求職信作為履歷的補充，給了求職者又一個展示自我的機會，也能夠幫助企業更好的了解求職者。多數徵才公司都要求求職者先寄送求職資料，由他們透過求職資料對眾多求職者有一個大致的了解後，再通知面試或面談人選。因此，求職信寫得好與壞將直接關係到求職者是否能進入下一輪的角逐。

有備無患，準備好面試常見問題的應答

提到求職的準備工作，大多數人常常想到的是求職者在求職的最初，需要花費大量時間和精力，用在撰寫履歷、透過網路、報紙等途徑挑選適合他的工作、投遞履歷並做記錄這些準備工作上。如果他有幸獲得一個面試機會，這些成本就會成為二選一賭局的砝碼，若面試成功，他的投入將獲得回報，但若面試失敗，則意味著之前的付出歸零，他將不得不從頭來過。

自然，我們都不希望自己的成本被白白丟入水中，因此，面試前準備工作的充分與否，直接影響到應徵者最後獲得職位的機率，除了寫出一份漂亮的履歷之外，面試問題的應答更決定著應徵者在求職這張考卷上的最後得分。

一家著名網路公司有了一個市場部副經理的空缺，最終共有十二個人進入面試。十二個人一起被叫進經理辦公室。主面試官首先詢問了一些基本問題，然後又問了一些專

業問題。

就在面試快要結束時，主面試官突然提出一個問題：「有幾組數字，請指出它們之間的區別。第一組是一、三、七、八；第二組是二、四、六；第三組是五、九。」大家一個個都不知所措。兩分鐘後，有一位女性應徵者試探著回答道：「三組數字的聲調是不一樣的。第一組讀一聲，第二組讀四聲，第三組讀三聲。」主面試官們讚許的點點頭。當然，最後她被錄用了。

面試官為什麼要問這樣一個問題呢？僅僅具備數學思維的員工，是不可能成為一名成功職業經理人的。經理人要能夠從多角度考慮問題，不僅要具備計劃性，還要有處理突發事件的能力。那位女士之所以被錄取，就是因為她的回答展現了她的應變能力。

上面這個故事中面試官提出的問題對一般人來說，似乎有點難度。事實上，求職者遇到這樣「刁難」的機會也是很少的，但是如果你對常見的問題都沒有任何了解和準備的話，就連常見問題也會變成難題。所以，面試之前，我們有必要了解一些面試官常常提問的問題，做到有備無患。

一、你為什麼來應徵這份工作？

「我來應徵是因為我相信自己能為公司做出貢獻，我在這個領域的經驗很少有人比得上，而且我的適應能力使我確信我能在此職位上做出一番新成績」。

二、你有工作經驗嗎？

這是展示你才能的黃金時間。但在你行動之前，你必須非常清楚「對於應徵者來說什麼是重要的？」如果你不知道在起初的六個月時間裡你將接觸到什麼職務，你就必須詢問清楚。這麼一來你的思考和分析能力將得到尊重，你得到的資訊將自然的能使你更能貼切的回答問題。

三、你為何選擇應徵我們公司？

為了表明應徵原因及工作意願，應徵者在回答時最好要了解企業狀況，不要籠統的回答因為覺得自己將來會有發展，更不要回答為了安定等答案。你不妨可以這樣回答：「我對貴公司有一定的了解，特別對公司的經營理念，產品品質及員工培訓特別嚮往。」

四、你為什麼辭去原來的工作？

「以我的專業、我的能力和志向，我想更好的發揮自己的特長。我認為貴公司則是我中意的。」

五、你怎麼和未來的上司相處？

「我重視的是工作成果。我的個性能屈能伸，可以和任何人打交道。」你回答的主旨在於表現你交際能力較強，心胸開闊，在處理與上司關係時，以服從公司利益為原則，絕不會陷入個人恩怨的計較裡。

六、如果你對公司安排的職位不滿意，你會怎麼辦？

「我會感到遺憾，不過我還是樂意服從分配。我是基於對貴公司業務發展與工作作風的充分了解，才欣然前來應徵的，所以無論在哪個部門都會努力工作，而且期待我可以學到更多新東西。當然，如果今後若有合適的機會仍可從事我所期望的工作時將會很高興。」

七、最能概括你自己的三個詞是什麼？

最好的回答是：「適應能力強，有責任心和做事有始有終。」再結合具體例子向面試官解釋，讓他們覺得你具有發展潛力。

八、你的學習成績如何？

對自己的學習成績一定要如實回答。如果成績優秀，應該用平和的口氣，實事求是的介紹，絕不可自我炫耀，這會讓人覺得輕浮；如果成績不好則應說明理由，或者哪門課程成績不好，隱瞞或欺騙，只會暴露自己的不良品行。總之，應該表現出對學習的態度是認真的、努力的，對成績也看得比較客觀。這樣即使你的成績不太理想，面試官的反應也不會太強烈。

九、你的最低薪資要求是多少？

這是必不可少的問題，因為你和你的面試官出於不同的考量都十分關心它。聰明的做法是：不作正面回答。強調你最感興趣的是這個機遇和挑戰並存的工作，避免討論經濟上的報酬，直到你被雇用為止。

十、你想過創業嗎？

這個問題可以顯示你的衝勁，但如果你的回答是「有」的話，千萬要小心，因為下一個問題可能就是「那麼為什麼你不這樣做呢？」

十一、說說你最大的缺點？

這個問題企業問的機率很大，但通常不希望聽到你直接回答的缺點是什麼等等，如果求職者說自己小心眼、愛忌妒、非常懶、脾氣大、工作效率低，企業肯定不會錄用你。絕對不要自作聰明的回答「我最大的缺點是過於追求完美」，有的人以為這樣回答會顯得自己比較出色，但事實上，他已經岌岌可危了。企業喜歡求職者從自己的優點說起，中間加一些小缺點，最後再把問題轉回到優點上，突出優點的部分，企業喜歡聰明的求職者。

十二、在五年的時間內，你的職業規劃？

這是每一個應徵者都不希望被問到的問題，但是幾乎每個人都會被問到，比較多的答案是「成為管理者」。但是近幾年來，許多公司都已經建立了專門的管理職位。這些工作往往被稱作「顧問」、「技術指導員」或「高級軟體工程師」等等。當然，說出一些其他你感興趣的職位也是可以的，比如產品銷售部經理，生產部經理等一些與你的專業有相關的工作。要知道，面試官總是喜歡有進取心的應徵者，此時如果說「不知道」，或許就會使你喪失一個好機會。最普通的回答應該是「我準備在技術領域有所作為」或「我希望能按照公司的管理思路發展」。

十三、你何時可以到職？

大多數企業會關心就職時間，最好是回答「如果被錄用的話，到職日可按公司規定上班」，但如果還未辭去上一個工作、對方公司所要求的上班時間又太近，似乎有些強人所難的時候，因為交接至少要一個月的時間，應該進一步說明原因，錄取公司應該會通融的。

十四、為什麼要錄用你？

這是你要回答好的最重要的問題。根據公司目前的需要，強調你的背景優勢，根據工作的需求敘述一下你的能力。如果你沒有相關工作經驗，強調你的其他工作經驗和所受的教育，盡力強調你適合這個工作。

十五、你還有什麼要問的嗎？

你必須回答「當然」。你要準備透過你的發問，了解更多關於這家公司、這次面試和這份工作的資訊。假如你微笑的說「沒有」，心裡想著終於結束了，長長吐了口氣，那才是犯一個大錯誤。這往往被理解為你對該公司、對這份工作沒有太深厚的興趣；其次，從最實際的考慮出發，你難道不想旁敲側擊一下面試官，推斷一下自己入圍有幾成希望？

這裡有一些供你選擇的問題：

(一)為什麼這個職位要公開招聘？
(二)在這家公司最大的挑戰是什麼？
(三)公司的長遠目標和策略計畫您能否用一兩句話簡要的為我介紹一下？
(四)您所考量的在這個職位上任職的人應該有什麼素養？
(五)決定雇用的時間大致要多久？
(六)關於我的資格與能力問題，您還有什麼要問的嗎？

十六、你喜歡和何種人共事？

此問題意在了解求職者本身的個性特點，並借此來分析求職者一旦進入新的職場後與現職位的其他人員的相容程度，主面試官據此判斷此人是否能與其他人融洽相處。換句話說，就是看看求職者是否具有團隊精神。作為求職者，應當注意不要過分的對這句話「躲躲閃閃」或是故意迴避，回答這個問題時，要先大概的介紹一下自己的個性特點，然後再說喜歡同什麼樣的人相處，總之要言之有理，順理成章。

十七、你做過的哪件事最令自己感到驕傲？

這是面試官給你的一個機會，讓你展示自己把握命運的能力。這會體現你潛在的領導能力以及你被提拔的可能性。假如你應徵於一個服務性質的企業，很可能因此會有午餐的邀請。記住：你的前途取決於你的知識、你的社交能力和綜合表現。

十八、和別人發生爭執，你會如何解決？

這是面試中最險惡的問題，往往是面試官布下的一個陷阱，千萬不要說任何人的過錯，要知道成功解決矛盾是一個團體中的成員所必備的能力。假如你任職在一個服務行業，這個問題簡直成了最重要的一個環節。你是否能獲得這份工作，將取決於這個問題的回答。面試官希望看到你是成熟且樂於奉獻的。他們透過這個問題了解你的成熟度和處世能力。在沒有外界干涉的情況下，透過妥協的方式來解決才是正確答案。

【謀職攻略】

面試過程中，面試官會向應徵者發問，而應徵者的回答將成為求職成功與否的重要依據。所以，求職前，準備好這些問題的應答方案，做到有備無患，有助於你面試的成功。

保持積極的心態，不要懼怕求職失敗

今天的社會是商業社會，更是一個發展變動快速的社會。許多職業和職位會隨著社會的進步不斷消失，退出歷史舞臺，同時許多新的工作機會也會不斷的產生。每位求職者都應當清楚的認識到，一生當中你將面臨多次的求職，不可能每次職位的變動都是十分順利的，一定會碰到各種的困難和問題。在美國，平均每個工作者一生要有八次求職。所以，求職者必須從意識上建立多次擇業的基本觀念，樹立良好的求職心態，培養良好的求職素養。

柳岩芃是某大學剛剛畢業的學生，由於個子比較矮，多次求職都被徵才公司以身高不夠的理由拒絕了。

一天下午，柳岩芃在人才招聘會中徘徊，招聘人員看到她矮小的個頭，都不住的搖頭，說：「對不起我們已經額滿了。」一上午的時間，岩芃整整問了二十家公司，招聘人員都以各種理由拒絕了，有的甚至直接了當的告訴她身高不夠，對她不作考慮。岩芃的自尊心受到了嚴重打擊。正當她準備離開人才招聘會時，一名市場管理員叫住了她，對她說：「小姐，妳希望應徵什麼職位？」柳岩芃失落的心頓時產生了一線希望，她說：「我想應徵文員，可是……」管理人員說：「我明白妳的感受，剛才發生的事情我都看到了。」

柳岩芃愁眉苦臉的說：「小時候，我得了一場重病，父母沒有錢帶我去比較好的醫院治療，結果留下了後遺症，從十五歲開始就不再長高了，就因為身高過矮，每間公司都以各種理由拒絕了我，我很傷心，我只是想找一份能養活自己的工作，這樣家裡就會減少一份負擔，可是，自從畢業後我一直奔走在面試中，每次的結果都一樣，兩手空空而歸。我受到的打擊太沉重了，真有些心力交瘁的感覺。」管理人員說：「我理解妳的心情，但是，妳不要灰心，我是這裡的管理員，每天看著成千上萬的求職者在這裡投履歷、面試，他們也同樣遭受著打擊，有的人能高高興興滿意而歸，但絕大多數的人也和妳一樣，承受著打擊，但是他們遭遇打擊後沒有喪失信心，而是透過自己的努力，最終找到了滿意的工作，妳也應該向他們學習，受到打擊後千萬不能自暴自棄，這才是一個求職者應具備的良好心態。」柳岩芃感激的向管理員鞠了一躬，轉身離開了。不久後，柳岩芃透過不放棄的努力終於找到了一份工作。

求職過程中，遭受打擊是很正常的事。每個人都有各自的優點與缺點，面試過程中，也許你的優點對於該公司或應徵職位來說，恰巧變成了缺點，此時徵才公司肯定不會將你列在考慮範圍之內。如果因此而感覺心理不平衡，對找工作失去信心，就因小而失大了。

遇到打擊後不要灰心，這是求職者應具備的良好心態，及時調整心態重整旗鼓，繼續向前邁進，才是正確的選擇。

劉可在求職之初，曾經歷了多次失敗。在面試過程中，由於過度緊張，說出的話語無倫次，給主面試官留下了很糟糕的印象。劉可回憶說：「第一次面試中，主面試官問我『業餘愛好是什麼？』我當時那含糊其辭的回答，讓我喪失了就業機會；第二次面試時，依然因為沒有回答到面試官的提問而被淘汰了。就這樣我失去了很多機會。」

後來，劉可不斷的反思面試失敗的原因，他吸取了以前的教訓，告誡自己在準備下一個面試時，除了準備好專業知識以外，還要做到口齒清晰、說話條理清楚，為了做到這一點，劉可每天對著鏡子練習說話。他的付出果然獲得了回報。在下一次的面試中，劉可以出色的自我介紹，贏得了主面試官的注意，憑藉清晰詳盡的語言表達，塑造了良好的自我形象。毫無疑問，這次面試是成功的，劉可成功的獲得了這份工作。

每一次的求職都可能成為你的一個轉捩點，既可能成就你，也可能毀了你，就看你用什麼樣的態度對待它。對於大多數求職者來說，最為痛苦的事情莫過於在求職過程中遭受打擊，被徵才公司拒於門外，而最為感到慶幸的事，也無非是找到一份稱心如意的工作。雖然，求職的結果很重要，但是，求職者應該清楚一個道理，過程比結果更重要。在求職過程中，人們可以增長許多社會閱歷，這無形中是在鍛鍊一個人的心理承受能力，這與成功就業同等重要。所以，在求職過程中一帆風順的人們，不要沾沾自喜，因為你們失去了歷練自己、增長社會閱歷的機會；在求職過程中屢遭挫折的人們，不要氣餒，要堅信「天生我才必有用」，相信陽光總在風雨後，只要能調整好心態，一定能找到適合自己的工作。同時，求職中屢遭挫折的人們還應該為自己的經歷感到慶幸。因為，經歷這些挫折後，社會閱歷增長了不少，自己又成熟了幾分。

思想決定行動，積極向上的思想能促使人們取得成功，而消極怠惰的情緒往往會使人迷失自己，從而找不到奮鬥的目標。求職本來就是一個艱難的過程，求職者要相信個人的能力，否則，會被一股失落感控制著大腦，影響了求職意願。

許多求職者在求職失敗後，會產生挫敗感，懷疑自己的能力，主要原因是，求職者不能正視自己的能力，因此產生了懷疑心理，這不利於找到一份好工作，還須及時調整心態。

尚斌是一個來自鄉下的年輕人，由於家境比較貧窮，沒有足夠的錢供他上大學，尚斌高中畢業後，就開始了打工生涯。在他心目中，一直有個美好的憧憬，他希望到大城市去工作，希望有一天能出人頭地。年輕氣盛的尚斌向父母說出了自己的想法後，就離開了生他養他的家鄉，來到了臺北。他與其他求職者一樣，帶著個人履歷，每天奔走於徵才會中。可是，一個月過去了，他仍然沒有找到一份適合自己的工作，就連面試的機會都沒有得到。因為，大多數企業都要求求職者具備大學甚至大學以上的文憑，尚斌因此被擋在了職場大門之外。

在找工作期間，尚斌常常站在臺北車站，茫然的望著匆忙行走的行人，他的心中發出無限感慨，難道偌大一個臺北竟沒有他容身之地嗎？

尚斌從小就喜歡寫作，白天，他勤懇努力的找工作，到了夜晚，他在一間不足十坪的套房裡讀書寫文章。他無意中看到一句話——天生我才必有用，正是這句話激發了尚斌的鬥志，他不相信，憑著自己的能力就找不到一份適合自己的工作。他開始全面的分析自己、為自己做定位，重新確定了自己的工作意向。

於是，他準備用自己的作品當做入場卷到報社去求職。一天，尚斌來到一家報社的人力資源部，他把自己的想法告訴對方後，該報社人力資源部的人問他是什麼學歷，尚斌如實的回答了，對方聽後不做任何考慮的告訴他說：「對不起，我們這裡只招聘研究所以上學歷的人，你還是到其他公司試試吧！」尚斌誠懇的說：「我是高中學歷沒有錯，但請不要這麼快否定我，能不能先看看我的作品，然後再下結論。」這一切被一位編輯看在眼裡，他被尚斌的毅力打動了，他拿過尚斌的作品仔細閱讀後連連稱讚。最後對他說：「我們這裡尚缺一名助理，你願不願意做？」尚斌高興得連連點頭。二人談了許久後，這位編輯要求尚斌第二天上午來報到。尚斌高興得不知所措，他不敢相信自己的耳朵，緊緊的握著編輯的手，久久說不出話來。後來，尚斌與該報社簽訂了兩年的契約，並順利的透過了自學考試，拿下了大學文憑，工作期間，逐漸贏得了上司和同事的一致好評。

就尚斌成功就業的經歷來看，每個人都有機會，只要堅信「天生我才必有用」的信念，就一定能找到適合自己的工作。

在求職過程中，難免會遭受失敗，有些求職者經歷過一次打擊，就開始懷疑自己的能力與求職方向，甚至會放棄繼續找工作的信心，甘願隨波逐流、平庸一生。這是一種極為消極的求職態度，每個人生下來都有一定的價值。無論學歷、地位、工作經歷如何，在眾多工作職位中，總有適合自己的位置。俗話說得好：「三百六十行，行行出狀元。」所以，求職者在應徵過程中，沒有必要否定自己，無論遇到什麼樣的困難，只要心中的希望不滅，就要勇敢的向前走。

心態是一種最堅強的力量，它能夠幫助人們克服求職過程中的種種困難，直到找到適合自己的工作，擁有好心態的人不會因為遭受挫折而失去求職的勇氣，他們會不斷的挖掘自身的價值與潛能，不斷的努力，直到取得成功。

卡內基說：「自信才能成功。」任何一個成功就業的人，都是相當自信的人，而那些沒有自信心的人，只要偶爾遇到一點挫折，就會心灰意冷，一蹶不振。失敗的人之所以會失敗，是因為他們不相信自己，更遑論相信自己是最好的。

古人曾說：「哀莫大於心死，而身死次之。」沒有自信心的人是很難成功的。每個求職者都渴望順利的找到一份適合自己的工作，這就需要求職者具備堅韌不拔的精神，要相信自己是最好的，堅信自己一定可以找到一份適合自己的工作，並且會不斷努力，努力實現自己的理想。

【謀職攻略】

求職失敗不可怕，怕的是不敢再試。求職者在謀求職業時，在經歷過多次失敗之後，應該學會調整自己的心態，找到理想的平衡點，走出挫折的心理。

培養良好的情商，保持健康的求職心態

選擇一個滿意的職業是求職者最關心的問題，從某種程度上說，選擇職業就是選擇未來。每個求職者都十分關注自己未來的生活與發展，期待從事令自己十分滿意的職業，得到能夠充分發揮自己的聰明才智並可獲得較高報酬的工作職位。關心就業是很自然的，但是有些求職者在思想、價值觀和對自己的職業生涯規劃設計的不成熟，往往導致了其在擇業過程中的不良心態，從而導致了擇業的失誤。因此，我們要擺脫不良的求職心態，保持良好的擇業心態。

一、碰運氣的心理

在校時成績突出者，卻被求才公司拒絕，而那些在校時默默無聞的同學，卻得到了他人羨慕的職位。鑒於此種情況，許多大學畢業生錯誤的認為，如果在校表現不突出的人得到了一份較為理想的工作，只不過憑機遇而已。我們不得不承認，許多企業確實存在招人用才的不妥之處，導致許多人才浪費，但並不等於說真才實學沒有用武之地。再說了，再好的本事只能用在合適的職位上才顯得出成效，如果，某些企業用不上你的才學，你的本領再強也是等於零。這是供需平衡的常理。你應該全面性的看問題，不能以偏概全，貽誤自身。如果，你不糾正「碰運氣」的心理，必然不會認真對待求職，這樣即使遇到了合適的企業，也會錯失良機。

二、怨憤心理

選才用人中的不正之風確實存在，因為有關係，某些人就能順利謀求到他人夢寐以求的企業和職位；而有些人不求得到職位，就連想得知所求企業不予錄用的真實原因都不可能。這樣一來，那些求職累累受挫的人心裡肯定不舒服。如果，遭遇挫折後能及時調整心態，順其自然，倒也沒關係。如果生出怨憤無疑會坑害自己。任何公司不會因為你的怨憤就對你網開一面，你也不會因為怨憤而身心舒坦，怨憤只能讓你悶悶不樂，影響到你下一步的求職。

三、自卑心理

有這種心理的人總覺得自己比不上他人——學歷低、能力差、相貌一般、家庭條件不好等等，在求職時自認不如人，不敢對自己「明碼標價」，只好找一些低於自己真正實力的公司下手，甚至對於一些公司開出的不平等協議也閉著眼睛簽訂。但這種自卑心理，卻有可能會以一種很自負的外在形象出現，表現得對一般的工作都沒興趣，非得比他人好的工作才看得上眼，挑來揀去，最終落得一無所獲。

四、眼高手低的心理

眼高手低的表現大致分為三類，即看不上小事，不願盡心去做；老想做大事，但又沒經驗；坐這山望著那山高，老想挑或跳槽到更好的地方。

一名畢業於名校的學生說：「我怎麼能去小公司，看以前畢業的學長現在都混得那麼好，我也應該做大事業。」心氣高的不僅是正在求職的畢業生，有些求職成功的人，他們也沒有踏實的從基層做起，總是抱怨說不想做雞毛蒜皮的小事，總盼著有一天能做大事。而根據一項調查資料顯示，新入職的畢業生跳槽，百分之七十是因為眼高手低，不能從頭做起。

五、消沉心理

因為求職受挫，有些人就變得消沉，以為英雄難有用武之地。這是錯誤的認識。一時受挫，不等於長期受挫，失去今天的機會，明天還會有公司可以挑戰。再說了，即使找不到接受自己的公司，也不能認為人生從此暗淡，許多人自謀出路，創造出光輝業績的事蹟也是可以效法的。

六、盲從心理

有這種心理者，全然不考慮個性特點、專業性、職業興趣、個人能力等，脫離自己的實際情況，只是盲目跟隨他人的決定，或跟隨自己的好友夥伴，或跟隨大眾追逐熱門職缺，放棄了自主權。結果他們往往會因定位不準確而失敗，並在事後產生責怪、怨恨等心態，加重了擇業挫折感。

七、嫉妒心理

當自己的工作沒有著落，而身邊好朋友或者同學找到了很好的工作時，沒找到工作的人就會「眼紅」，覺得心裡有點不是滋味，甚至會產生嫉妒心理。這是因為在就業過程中，有一種比較心理在作怪，特別是在形勢嚴峻，求職壓力大的環境下，這樣的心理有可能被放大。比較心理的存在，讓這部分人總是想著「別人行，我為什麼不行」，以至於持續處於焦躁不安的情緒下。久而久之，這種情緒會讓他們變得冷漠、暴躁和焦慮，也將會對人與人之間的關係造成負面影響。

八、急於求成的心理

這種心理主要發生在家庭經濟拮据，急於要賺錢養家的求職者身上。只要有公司接受自己，只要待遇過得去，無論與自己的專業相配與否，就一概接受了。殊不知，解決了暫時的困難，卻為今後的職業生涯留下了較大的隱患。試想，一個公司怎麼可能重用一個隨意放棄人生價值觀的員工呢？一個人在學非所用的職位能創造出多大的業績呢？一個只是將工作作為謀生手段的人，能做出有所建樹的業績嗎？一個有志向的畢業生，就不能放棄自己的人生追求而成為經濟的俘虜。

在求職過程中，求職者存在的不良心理傾向的，往往不會只單獨出現一種，而是幾種不良心理傾向同時存在，它們互相影響、互相作用。因此解決求職中出現的不良心理狀態，也要把它們看作一個整體，綜合起來逐步克服，切不可將它們孤立分開處理。

【謀職攻略】

在職場中，存在的不少誤解都是心態沒有擺正確的結果，心態問題已成了阻礙不少求職者順利就業的第一道障礙。所以，我們要培養良好的情緒，保持健康的求職心態。

第四章　暢通求職管道，廣開謀職門路

沒有一個簡單的方法可以讓你輕易的找到工作，你可能逛遍了所有求職網站、寄出大量的履歷表。花費了龐大的時間與精力，卻得不到令你滿意的結果。事實上，求職就是一場特殊的馬拉松，因為它只有終點，沒有起點和路線。選擇怎麼樣的路線以及一個好的起點就是勝出的關鍵，所以，採取何種求職方式是非常重要的。

循序漸進，分階段實現自己的職業目標

有這樣一個故事：

一九八四年，在東京國際馬拉松邀請賽中，名不見經傳的日本選手山田本一出人意料的奪得了世界冠軍。當記者問他憑什麼取得如此驚人的成績時，他說了這麼一句話：「憑智慧戰勝對手。」

當時許多人都認為這個偶然跑到前面的矮個子選手是在故弄玄虛。馬拉松賽是體力和耐力的運動，只要體格好又有耐力就有望奪冠，爆發力和速度都還在其次，說用智慧取勝確實有點牽強。

兩年後，義大利國際馬拉松邀請賽在義大利北部城市米蘭舉行，山田本一代表日本參加比賽。這一次，他又獲得了世界冠軍。記者又請他談談經驗。

山田本一性情木訥，不善言談，回答的仍是上次那句話：「用智慧戰勝對手。」這回記者在報紙上沒再嘲諷他，但還是對他所謂的智慧迷惑不解。

十年後，這個謎底終於被解開了，他在他的自傳中是這麼說的：「每次比賽之前，我都要乘車把比賽的路線仔細的看一遍，並把沿途比較醒目的標誌畫下來，比如第一個標誌是銀行；第二個標誌是一棵大樹；第三個標誌是一座紅房子……這樣一直畫到賽程的終點。比賽開始

後，我就以跑百米的速度奮力的向第一個目標衝去，等到達第一個目標後，我又以同樣的速度向第二個目標衝去。四十多公里的賽程，就被我分解成幾個小目標輕鬆的跑完了。起初，我並不懂這樣的道理，我把我的目標定在四十多公里外終點線上的那面旗幟上，結果我跑到十幾公里時就疲憊不堪了，因為我被前面那段遙遠的路程給嚇倒了。」

由此可見，學會把目標分解開來，變成一個個容易實現的小目標，希望就會一直在前方向你招手，直到終點。求職也是如此。如果你定下的求職目標遙不可及，這樣就容易導致執行上的困難。但若把長期目標分解為若干個小目標，逐一跨越它，就會輕鬆許多，也容易實現。

很多時候，我們之所以感到困難不可跨越，成功無法企及，正是因為覺得目標離自己太過遙遠。這樣一來，由於看不到希望而產生的畏懼感，常常成為成功路上的一道難以跨越的屏障。所以，學會把目標分解開來，化整為零，變成一個個容易實現的小目標，然後將其各個擊破，不失為一個實現終極目標的有效方法。

一位影印店的老闆有一次幫一位求職者影印資料，因為不是很忙，老闆便閒聊了一句話：「最近好嗎？」求職者笑著說：「還可以吧，下午要去一家公司應徵。」「是做什麼的？」求職者笑而不語，趁他掏錢的空隙，這位老闆掃了一眼他的履歷，哇，應徵的是副總經理，老闆抬頭定睛一看，年齡跟自己差不多。「不簡單！」求職者又笑一下，「這沒什麼，在工廠裡待了六年，大多數職位都做過，有過半年的總經理特別助理經驗。」

這時，這位老闆已經把他的履歷看完，真的不簡單，做過人事行政主管、財務主管、生產線主管，離職前是一家擁有二千多人的外資企業的總經理特別助理。這位老闆說：「你真不簡單，五年就做了三個主管職位，是不是有很高的學歷和留學背景？」「我的學歷不高，只是一個普通的大學生。」「那你的目標為什麼能實現得這麼快呢？」他脫口而出，「其實，這也沒什麼，我只是在分階段實現自己的目標而已，把目標具體的細分為小目標。」

原來，他一直渴望做一個成功的高階上班族。剛開始找工作時，也曾豪情萬丈的去應徵高階職位，可是由於沒經驗，面試了幾家公司都遭拒絕。慢慢的，他改變了對目標的看法，「任何宏偉的目標都是由一個個小的具體目標組合成的，先把小目標一個個攻破，大目標也就自然實現了。」、「這幾年來我一直在做實務性的工作，學的是財務，便先做統計工作，由於認真細心，深受老闆信任，便調去負責財務，一步一步的做到財務主管。做財務主管時，時間相對寬裕一些，所以我又去向人事主管拜師，慢慢的人事這塊也熟悉了。在做人事主管時，與生產線打交道次數多了，對生產管理知識和工藝流程也格外的留心，特別是能運用財務專業知識分析成本、控制品質。於是，又順利當上了生產線主管。如今，人事、財務、生產這三大領域我都熟悉了，做個副總經理應該沒問題，將來有了資金，就自己做老闆。」他自信的說。

看來，當這位求職者一點點的去實現小目標時，大目標就不遠了。

每個人都希望自己成功，但成功卻似乎遙不可及，其實，我們不必用宏偉的目標嚇唬自己，只要懂得分階段實現大目標，成功的喜悅就會隨著一個個愉快的小勝利逐漸浸潤我們的生命。我們每個人都會有自己的夢想和目標，達到目標的關鍵在於把目標精細化、具體化。從這個意義上講，只有善於分解目標的人，才是離目標最近的人。因此，你不妨把一個大目標分成許多小目標，按照實施的步驟排列起來依次完成，這樣可以做得更快更好。

【謀職攻略】

明確的目標是促進事業成功的重要依據。有些時候，訂下的目標過大、過高，一時間很難達成，就會挫傷人的積極性。如果你學會將這些過大或過高的目標分解成每階段都可以實現的小目標，然後將其各個擊破，不失為一個實現求職目標的有效方法。

人脈創造工作機遇，利用人脈找到好工作

如何找到好工作？這是求職者共同的疑問。履歷發出了上百封，卻封封石沉大海，毫無音訊。面對就業市場的萎縮，寄履歷已經是無效的求職方法了，真正重要的是累積關係，長期累積你的人脈資源，主動為自己創造求職機會。

說起利用人脈關係求職，不同的人有不同的看法：有人認為其有損公平原則，令一些沒有關係的人失去了競爭的機會；而有些人則認為，現實的問題不可避免，但關係本身就是個人優勢的一種。特別是隨著年齡、資歷的增長，你的關係網代表了你在社會上獲得的認同度，當你

透過關係獲得推薦時，也是個人職業能力含金量的體現。

在一項對上萬名求職者的調查顯示，其中有百分之六十五點八的人表明自己在找工作的過程中沒靠人脈關係，而百分之三十四點二的人則表明自己有動用人脈關係。有朋友的推薦，一切會變得很方便！而且如果他們的關係較好，你還會拿到更為合理的待遇，而不用多費口舌。所以，不管你是否承認，人脈關係都已經成為找工作的非常重要的管道。

對求職者來說，人脈關係是一種寶貴的資源，它很可能就會幫助你找到最理想的工作。簡單來說，每個求職者在心目中一定有一個理想的工作標準，要想獲得這份理想工作首先就得得到這份職缺的擁有者的認可，也就是公司或企業老闆的認可，身為求職者，想要結識這些老闆，也並沒有想像中的那麼難，有時候，只需要透過簡簡單單的幾層關係便有機會結識雇主，那要獲得這份理想的工作自然也就會變得輕而易舉。由此可見，利用人脈關係找工作，不僅簡單輕鬆，還能夠找到好工作。

鈺雪最近的心情不錯，因為她就要去另一家網站任副總編輯一職了。同事們也都認為這樣的好機會應該屬於她，因為她有一張人人羨慕的人脈資源網。但凡同事們在工作上有困難，鈺雪總能憑那張人脈資源網搞定。也難怪，鈺雪已做了五年的網路編輯了，長期負責教育類資訊編輯工作，其敏銳的網路風向直覺和嫻熟的編輯業務以及有口皆碑的敬業精神在業內有著一定的影響。鈺雪是一位有心人，在平時的工作中，她非常注重經營自己的人脈資源，也常對人脈資源進行有效的整合。五年來，她與各大網站和行業網站的編輯的接觸很多，與業界的交往也達到了一定的深度。

前段時間，競爭對手的網站副總編輯一職出現了空缺。在該網站工作的編輯在第一時間將這一消息告訴了她，在徵得她的同意後，又把她推薦給了該公司的人力資源部門。對方公司人力資源部和部門經理在了解相關情況後認為此人在業界的影響力和工作能力等方面都很適合該網站的發展，幾次會談後，對方網站最終確定聘請鈺雪擔任網站副總編輯一職。

鈺雪的成功跳槽，就印證了這一點。她有機會去競爭對手的網站任職副總編輯，除了她本人的能力外，還在於她善於對人脈資源進行有效的整合。所以說，利用人脈關係找到一份好工作是一種很好的求職方式。

李湘是一家私營企業的行政經理，之前也是憑藉著人脈關係，才順利跳槽到現在這家公司。跳槽之前，她在一家大型國營企業做採購，雖然工作安定，收入也還不錯，但是總覺得缺了一點什麼。由於工作中要與供貨方多次接觸，李湘結識了不少行業內其他企業的朋友。在工作中，她們是競爭對手，但是生活中，卻是可以互相交流的好朋友。

在一次網路聊天中，一位朋友跟李湘談起自己忙碌的工作和豐富的生活，使她動了跳槽的念頭。她抱著試試看的心情，向朋友們打聽是否有合適自己的職位。結果不到三個月，就有人帶來了好消息。一心想要抓住跳槽良機的李湘，經過幾輪面談，最終獲得了如今的職位。

不管你是否承認，人脈關係都已經成為找工作的非常重要的管道，因為一個人的社會關係畢竟是有限的，但透過眾多的朋友同學親戚同事，那人際關係網能觸及的社會關係就不一樣了，利用好這些關係，對找一份適合你的工作是很有幫助的。

【謀職攻略】

那些善於利用各種人脈資源的人，往往更容易獲取新的機遇。對於大多數的求職者來說，人脈是尋求職業發展機會時最有效的方式。

「逛」好人才媒合會，搭乘招聘直通車

人才媒合會是求職者求職的主要管道之一，因其能夠提供比其他招聘方式更多更鮮活的企業和職位資訊，而成為廣大求職者求職的重要手段。

招聘會一般是由政府所轄人力機構及各就業中心所舉辦，主要服務於待就業群體及徵才公司。招聘會一般分為現場招聘會和網路招聘會，日常生活中所講的招聘會通常指的就是現場招聘會。

和獲取職位資訊的其他方式相比，招聘會可以在相對較短的時間內與招聘公司直接見面，對公司的情況和公司的人員素養都有一個直接的印象。另外，招聘會上職業資訊集中，求職者

在招聘會上可以同時和多家求才公司見面洽談，選擇的空間比較大。由於供需雙方直接面談，雙向交流，溝通及時，可以省略許多不必要的中間環節，節省時間，增加成功率。

通常，現場招聘會包括校園招聘會和人才媒合會，再細分為企業專場招聘會、行業人才媒合會、區域人才媒合會等，各有各的特點，成功率也不盡相同。一般來說，區域人才媒合會講究大而全，場面經常人山人海，被媒體大肆報導，用來形容求職之困難。這樣的招聘會通常競爭激烈，效率低下，容易讓人迷失在裡頭。企業招聘會則比較有針對性，但一般只有大企業才願意辦，而且在名校舉辦居多（至少是行業內的名校），客觀上對普通的求職者來說，是一個限制。行業人才媒合會通常由各地人力銀行舉辦，針對某一特定的行業招聘人才，因此具有效率高，覆蓋廣的特點。根據不同招聘會的不同特點，求職者參加招聘會前先要了解招聘會的行業和性質，以免和自己要找的職位不相符而浪費時間。

參加招聘會的目的：掌握職位資訊動態，推銷自己，贏得面試機會。因此，作為求職者，應該多去現場看看，說不定會得到意想不到的收穫。

雅嵐是一個國貿系的大四女生，由於英語成績不理想，覺得將來的人生之路還充滿著變數。所以她決定抓住一切機會，把自己推銷出去。

四月份，當得知北部召開「人才媒合會」的時候，她立刻奔臺北，一個展位一個展位的跑，一間公司一間公司的打聽。但是到最後也沒跑出個成果來。這一趟對雅嵐的觸動很大，幾次自我介紹和面試讓她了解到自己的準備是多麼不充分。但是她沒有灰心，而是對自己說：「調整好狀態，繼續努力！」

當雅嵐的學校所在臺南市舉辦人才交流會時，她第一天上午就早早的趕到了。當她好不容易擠到自己中意的一家公司的展位前時，聽到的答覆卻是：「對不起，我們不徵女生。」雅嵐剛要轉身離開時，忽然覺得不應該這麼輕易放棄。因為她知道自己要應徵的職位並不是女生做不了的，只是徵才公司更青睞男生而已。

雅嵐決定再爭取一下。她默默的在展位前待了一段時間，找準時機把手中的資料遞到一位年長些的先生手裡。但是他連看都沒看就遞給了身邊的人，身邊的人順手就把它塞到了那堆厚厚的履歷中。也不知道從哪兒來的勇氣，雅嵐從那堆資料中把自己的那份抽了出來，毫不客氣的遞到第一個人手裡：「先生，可不可以給我一個面試的機會？」那個人驚訝了一下，然後不冷不熱的對她說：「如果妳覺得有這個能力，可以自己過去試試。」說完他就把資料遞給了旁邊的「臨時面試官」。

她和「面試官」聊了一會兒，終於得到了一次正式面試的機會。那天下午雅嵐去公司參加第二次面試時，卻赫然發現早上她把資料硬遞過去的第一個人竟然是公司的總經理。這次面試很順利，總經理對她說：「我上午就注意到妳了，妳是在我們展位前堅持得最久的一個女孩，做代理，除了綜合素養，毅力同樣重要，恭喜妳！」就這樣，雅嵐得到了她的第一份工作。

從雅嵐的經歷中，我們應該了解到，在招聘會現場主動表現自己是非常重要的，給徵才公司留下一個良好的印象，以後的路就好走多了。

求職者在走入招聘會或者人才媒合會，與徵才公司首次見面時，應注意掌握以下幾方面技巧：

(一)要清楚自身的條件，不要眼高手低，更不能自卑。事先列印出履歷，把自己的工作經歷及求職意願清楚表達。在履歷中注明自己的聯絡方式，使徵才公司能及時與你取得聯繫。

(二)早去晚歸，盡可能在會場多逗留一些時候。招聘會場是廣泛聯繫的好地方，去一場就像參加了一千多次面試。

(三)選擇目標。如果你已確定要去某種類型的企業求職，一進門便要尋其所在位置，抓緊時機面談，以提高成功機率。如果事先沒有確定，建議你先快速在場內流覽一圈，看看哪幾家公司最適合自己，找到主攻目標和次要目標。對於主攻目標，要多費些心思，好好展現你的才能和魅力，表明想為公司效力的強烈願望；對於次要目標，留下履歷和簡短介紹即可。

(四)參加招聘會應該準備足夠的履歷等求職資料，避免無履歷可給的尷尬。但是，也不要一次提交大量的求職資料，比如成績單、身分證影本等。招聘公司在招聘會上會收到如雪片一樣飛來的求職資料，如果提交大量資料，無法突出重點，反而無法引起注意。而只提供製作精良的中英文履歷，十分簡潔，方便現場招聘者了解了你的特點，也能顯出你的機敏和行銷能力。如果是國內企業的求才公司，你甚至不必遞上英文履歷，更沒有必要附上通用的求職信。求職信只有在量身定做的基礎上才能發揮履歷起不到的作用。

(五)適當「包裝」自己。一個人的穿著、打扮，往往能反映其自身的修養和內涵，得體的衣著，還可以彌補身體的某些部位的不完美，增強應徵者的自信心。

(六)準備好在鬧哄哄的環境下向別人推銷自己。不要長篇大論，因為招聘人員時間有限。要學會如何最有效的表達自己，因為別人也在等著與招聘人員談話，理想情況是三分鐘結束初次面試。

(七)不要過分根據朋友或家人聽到的傳言而熱衷或歧視某個公司。要親自與公司接觸，做出客觀明智的選擇。

(八)招聘會後，要及時電話詢問投遞履歷的徵才公司，以了解自己求職結果。如果沒有面試機會，也不要氣餒。總結經驗，收集就業資訊，等待機會，以利再戰。

【謀職攻略】

參加現場招聘會是求職最常見的方法，特點是資訊集中，求職者可以與徵才公司招聘者面對面交流，但缺點是人流量太大，被選擇機會低，成功率不高。

內行看門道，看懂報紙的徵才廣告

在報紙和刊物尋找職缺資訊是最傳統和常見的求職方式之一。由於報紙具有覆蓋面廣、資訊量大、傳播及時、售價低廉等特點，曾經是求職者的首選媒介。近些年由於網路的普及，這些傳統媒體的影響力日趨衰弱。再加上報紙刊登的招聘廣告時常包含虛假資訊，人們對報紙求職越來越不信任。但是我們不要輕易的就放棄這條途徑，要知道，多一條途徑便多一分機遇。合理的利用報紙和雜誌，說不定會帶給我們意想不到的效果。

透過報紙來求職包括兩種方式：一種是在報紙上搜索求才資訊。我們平時可以透過一些專業的求才報刊雜誌或其他一些報紙的求才廣告專欄來搜索適合自己的一些招聘資訊，然後根據上面的聯絡方式打電話諮詢。當然還有一些公司僅留了一個電子郵箱，我們可以把履歷發過去，如果你是對方正要找的人他們會主動通知你去面試，這時候你一定要做好面試的準備，因為會在報紙上登求才資訊的公司可能需要徵的人不多，所以就沒參加招聘會，另外報紙上登求才的企業一般也不會太大，因此成功率也比較高。但是也會有一些詐騙公司，這一點我們一定要注意。

另一種是在報紙上登求職資訊。求職者可以透過一些免費的求職報紙來刊登自己的求職資訊，這樣也容易受到一些企業的關注。即使沒有免費刊登的報紙，但是一般情況下的求才報紙也都對求職者制定了一個門檻不高的收費標準，我們嘗試一下，可能會有意外的收穫。

曾經有一位叫王鈞的男子花了十萬元在報紙頭版登求職廣告，取得了非常「令人驚喜」的效果。

王鈞說：「雖然只登一天的報紙廣告，但是覺得值得！」、「找工作是光明正大的事情，沒有必要偷偷摸摸，四十歲以前我是在找工作，但現在是四十歲以後了，我要讓工作來找我。」、「坦白講，即使我現在不工作，以前工作的收入也已經夠我養老了。」王鈞稱，他這次花十萬元登報求職，只是為了找到「更適合自己、更有發展空間的工作」。他表示，這也是為什麼他在求職廣告中沒有明確打出「薪酬和職位」等要求的原因。

見報當天，王鈞就電話不斷，由於電話、簡訊太多，以致都沒時間一一回覆。有好幾個企業的總經理直接打電話給他要求和他見面。有的來電是表示支持和鼓勵。

當然，花十萬元登報求職的事情，並不是普通人會選擇的方法。這個故事只是告訴我們，報紙求職其實並未完全過時，我們也可以充分利用這種途徑。

首先，很多報紙都會對求職徵才資訊進行報導，方式有三種：

(一)新聞報導。求職徵才方面經常會有有價值的新聞，報導求職徵才傳播最新資訊、解讀求職徵才的政策影響是新聞的工作。求職者可借此了解總體就業形勢、熱門職位、行業資訊等。

(二)常規的求職徵才報導。報紙經常設置一版或半版的內容專門做求職徵才專欄。此類報導注重服務性和引導性。常規的求職徵才報導一般涉及關於求職技巧的掌握，職場中如何應對自如，如何進行職場規劃等服務性內容，分析求職招聘中的種種問題。細心的讀者，可以從中學到不少東西。

(三)求職徵才版面。由於週末常是各個招聘會舉辦的時間，為符合人們的閱讀時間安排，報紙都會在這個時候設置求職徵才版面，為求職者提供大量的資訊。

求職徵才版面是報社一個重要的服務性版面，是報紙發揮訊息量大、服務性強優勢的具體表現。和其他版面不同的是，求職徵才專版是一個內容收費的版面，它實質上是一個傳播求職徵才資訊的廣告版面。

在求職時要學會從紛繁複雜的廣告中找到對自己有用的資訊，掌握閱讀的技巧很重要。選擇什麼樣的廣告是閱讀的前提，求職者不可能把每一份廣告都讀一遍，然後再作出比較和選擇。

學會辨別徵才資訊也很必要。從形式上來看，大型企業、知名企業的資訊設置在醒目的版面，所占面積大，印刷精美。這既反映了這些企業實力強、影響力大、需要員工擁有知識水準高、能力強等特性，刊登徵才資訊同時又是為企業間接打廣告的宣傳方法。

不過，對於特別醒目的徵才廣告，要謹慎對待。因為這些廣告多半經過專業廣告策劃者和專家的指點，將廣告內容包裝得既引入矚目又魅力十足。求職者在閱讀時，必須避免被其外表所迷惑。

分類廣告則是最便捷，費用最少的廣告形式。大量的資訊密集排列有助於求職者比較各類資訊，選擇適合自己的公司。但由於報紙編輯的把關工作有難度，小企業資訊的真實性難以保障。虛假的求職徵才資訊常以這種形式出現。

如果要了解企業的動向，買本就業資訊雜誌作為參考，也是一種方法。特別是對那些涉世不深的年輕人而言，既能了解企業的動向，又能借此理解就業市場。其中若有自己真正喜歡的工作，不妨抄在記事本上，以備日後查用。

【謀職攻略】

報紙比較容易受到求職者的關注，它能幫助您發現一些空缺的職位和正在招聘的公司。當然，這並不是找到工作最有效的方法。因為大家都可以看到這些資訊，而且同一職位之間的競爭也是非常激烈的。所以求職者要根據自己的實際情況，採用適合自己的求職方法。

求職無門，不妨先降低自己的身價

有這樣一個故事：

某企業招聘業務人員，徵才資訊剛發布，應徵者如潮而來。面試官發現，有一位求職者資歷深厚，但面試官覺得公司的水淺容不了這條大魚，因此面試官對他不抱太多希望。面談時，面試官也曾很有誠意的側面暗示他，根據公司規定，不能給予太高的薪水。沒想到他竟然願意接受與他原來的要求相距甚遠的條件，這讓面試官百思不得其解。正式錄用後，他也沒有倚老賣老的擺架子，不但能準時上班，還把各項報表填寫得井井有條。一個多月後，他的業績遠遠超出了其上司的預期，三個月後，其上司決定破格晉升他，薪水及各項待遇也隨之水漲船高。

在一次閒聊當中，上司才知道他之前在一家公司已經做到了主管的位置，無論工作還是待遇都相當不錯，原以為可以前途無量，沒想到天有不測風雲——投資失敗，老闆捲款失蹤，讓這些員工們一下跌入水深火熱之中。此後，他也曾經因為企業條件達不到自己所要求的而怨聲載道，總認為自己是沒有被發現的金子。在很長一段時間裡，他無法忘懷自己所遭遇的挫折。但是，人總是要生存下去的，只能選擇從頭再來，重新體會一次身價與薪水的差異。

可見，如果你想求職成功，那麼就要放低自己的身價，也就是放低你的學歷、放下你的家庭背景、放下你的工作經驗、放下你的身分，讓自己回歸到「普通人」中。同時，也不要在乎別人的眼光和批評，做你認為值得做的事情，走你認為該走的路。唯有如此才會在放低自己身價的同時，提升個人的價值。

人的「身價」是一種「自我認同」，並不是什麼不好的事，但這種「自我認同」也是一種「自我限制」，也就是說：「因為我是這種人，所以我不能去做那種事」，而自我認同越強的人，自我限制的也越厲害，千金小姐不願意和貧窮的女人同桌吃飯，博士不願意當基層業務員，高階主管不願意主動去找下級職員，知識分子不願意去做體力工作……他們認為，如果那樣做，就有失自己的身分。

其實，這種對「身價」執著只會讓求職者陷入困境，自己堵住了前進的路。當然，這裡並不是說有「身價」的人，就不能找到待遇優厚、令自己滿意的工作，在求職過程中，除非你具有雄才偉略、高尚的人格和無人能及的身世背景，否則，在求職過程中，勢必會吃些苦頭。像一個博士如果找不到工作，又不願意當業務員，那就只有挨餓；如果能放下身架，願意從基層做起，說不定他們的才能會被有眼光的上司發現，而為他們提供更為廣闊的發展空間。

士豪研究所畢業後，面臨著就業問題，他東奔西跑的折騰了半年，依然沒有找到薪水與學歷相吻合的工作。為此，士豪經常愁眉苦臉、悶悶不樂，臉上也失去了以往的笑容。

父親語重心長的問他：「你面試過這麼多家公司，難道就沒有一個職位適合你嗎？」

士豪說：「有，只是薪水太低了，每月只有兩萬四千元。」

「那也好啊！先做著嘛，你做得好了老闆自然不會虧待你。」父親笑著說。

士豪說：「兩萬四千元，我才不做呢，我一個碩士怎麼能一個月才賺那麼一點錢呢。」

父親無語，只是搖搖頭。

一會兒，父親又對士豪說：「明天跟我去賣一天菜吧！」

第二天，到了菜市場，士豪與父親把新鮮的菠菜擺在貨架上，很快就有一個中年婦女來問：「你這菠菜多少錢一斤？」

父親說：「三十五元一斤。」

中年婦女說：「整個市場就你家的貴，別人都賣二十五元一斤，能不能便宜一點？」

父親說：「我這裡的菠菜是整個市場最好的，不能降價。」中年婦女不滿的走開了。

後來發生的情況和剛才的相差不多，接連幾個人問過價錢後，都紛紛走開了。士豪有點著急了，他對父親說：「我們也把價錢定低一點兒吧！」

但父親卻說：「我們的菠菜這麼好，還怕沒人要啊？不急！」這時又來個問價格的。父親依然堅持自己的售價，那人非常想要他們的菠菜，但是嫌貴，那人說到：「別攤都賣二十五元一斤，我出三十元跟你買，這些菠菜我全要了。」

父親依然堅持少於三十五元不賣，那人只好嘆了口氣，然後走開了。

買菜的人越來越少了，全市場的菜價開始往下跌，其他攤位的菜幾乎都賣完了，唯獨他家絕大部分的菠菜都沒有賣出去。士豪說：「市場都快沒有人了，我們也降價吧，這些菜放到明天就不新鮮了。」

但父親依然固執的說：「不行，我們的菜這麼好，不能降價。」

就這樣，父親堅持不降價出售菠菜，結果所有的菜只能扔進了市場的垃圾箱。

回家的路上，士豪埋怨父親說：「早上人家出三十元時為什麼還要堅持啊，賣掉不就可以了嗎？也不至於都浪費了啊！」父親笑笑說：「是呀，早知道就將菜價的起價定低一點了，只可惜那些菜，現在只能躺在垃圾桶裡，毫無用處了。當時還不如降價賣了它，還能為別人的餐桌增添一道好菜。」士豪還要說些什麼，卻被父親打斷了，他繼續說：「看看你自己，再看看那些菜，你們的處境不是一樣嗎？」

有了父親的教導與賣菜的經歷，士豪明白了很多道理。第二天，他便找到了一份月薪兩萬五千元的工作了。

無數事實也證明，成長青睞於那些正視低處的人，成功鍾情於那些願意卑微的人。應徵中，求職者切莫因個人學歷較高、出身名校、在校期間成績優秀，便抬高身價，面試官是很厭惡這樣的求職者的。這裡提醒那些自命不凡的求職者，應該放下身價，這樣才能找到適合自己發展的路。

有一位在美國留學的電腦博士，苦讀了好幾年，總算畢業了。可是，雖說是拿到了讓人羨慕的博士文憑，卻總是找不到稱心如意的工作。

他一次次被一些大企業拒之門外，手裡的積蓄也花光了，貧窮的日子可是不好過的。他聽著咕咕直叫的肚子，不得不想辦法找一份工作，免得肚子時時向自己抗議。經過一番絞盡腦汁後，他終於想到了一個謀取職位的點子。

他把所有的學位證明一一收起，以一個普通求職者的身分去求職。想不到這招還真管用，一家企業錄用他做程式輸入員。這個工作對他來說可真是太簡單了。不過，他還是專心致志，兢兢業業的做著。

漸漸的，老闆發現這個程式輸入員很不一般，竟然知道哪個程式出錯了。這時，這位程式輸入員拿出了大學畢業證書。老闆立刻給他換了一個與之學歷相符的職位。

半年之後，老闆發現他時常還能為公司提出許多獨到而有價值的建議，這可不是一般大學生的水準呀！這時，他又亮出了碩士學位證書，老闆又晉升了他。

這位深藏不露的博士在這個職位上做得也很出色，但老闆還是覺得他大有潛力可發掘，於是，把他叫進辦公室，對他進行質詢，這時，這位深藏不露的博士才亮出他的真學歷。老闆這時已經對他的水準有了全面的認識，便毫不猶豫的重用了他。

這位博士求職的成功，在於他能夠放低自己的身價，以低姿態去求職，進而贏得工作職位。

可見，當一個人抬高自己的身價，只能讓路越走越窄，直到最後無路可走；而放低自己的身價，卻能夠讓路越走越寬、越走越順。一個甘願放下身價的人，他的思考富有高度的彈性，他能夠比別人更早一步抓到機會，也能比別人抓到更多的機會，因為他沒有身價的顧慮。所以說，只有你肯放下「身價」，才能謀求到合適的工作。

【謀職攻略】

求職時，務必要放低姿態，與其沉醉於自己的學歷，不如將重心放在努力學習、累積經驗上。因為，競爭力才是真理。

另類求職，找工作也可以不走尋常路

有人才就會有需求。很多求職者在找工作的時候都非常迫切，總擔心找不到工作。其實不然，無論什麼時候，總有一個職位或一份工作等著你去填補。如果你現在正在求職，但是還沒有找到適合的，先不要急，只要你多動腦筋，發揮自己的創造力，就能找到合適的工作。

一、獨闢蹊徑

在經濟大蕭條時期的美國，一個年輕人去求職，但他的條件比不上別人，被擋在門外。他心想只有親自見到老闆，才會被賞識。於是他避開了求職的人群，來到老闆的車前，脫下自己的上衣來賣力的擦車。老闆出來看到他在擦車很不解的問他為什麼，他說：「我要當您的下屬，我不怕賣力氣，也肯動腦筋。」老闆拍著他的肩膀，收下了他。後來他憑著自己的努力和智慧躋身於美國的富翁行列。

這個故事告訴求職者，做事情要動腦子，講究創意，讓對方賞識才會成功。

二、精心設計

一位大學生走進一家報社問道：「你們需要一位好編輯嗎？」言下之意自己當然就是「好編輯」，說得很有自信。

「不。」拒絕是那麼乾脆。

「那麼，好記者呢？」說得還是那麼自信。

「不。」拒絕得還是那麼乾脆。

「那麼，印刷工人如何？」依然是堅韌不拔。

「不」看來是沒戲了。

「那麼你們一定需要這個東西。」這位大學生從公事包中拿出一塊精美的牌子，上面寫著：「額滿，暫不雇用。」報社主任笑了，但也開始重新審視面前這位年輕人了。最後這位年輕人被錄用為報社銷售部經理。

求職者多動腦筋，多想些點子，設計一些細節讓面試官感動，變被動為主動，往往能收到意想不到的效果。值得注意的是要設計合理、運用得當，像上面的例子，幽默自然，合情合理才不會引起面試官的難堪與反感。

三、逆向思維

雅孜是某財經學院管理系的高材生，但是，因為相貌欠佳，找工作時總過不了面試一關。經歷了一次又一次的打擊，雅孜幾乎不相信所有的徵才廣告，她決定主動上門專挑大公司推銷自己。她走進一家化妝品公司，總經理靜靜的聽她「娓娓道來」，她從外國化妝品公司的成功之道說到國內化妝品公司的推銷妙技，說得順理成章、邏輯縝密。這位總經理很興奮，親切的說：「小姐，恕我直言，化妝品廣告很大程度上是美人的廣告，外觀很重要。」雅孜毫不自慚，她迎著總經理的目光大膽的提議：「美人可以說美麗的臉是用了你們的產品的結果，而醜女則可以說這張臉是沒有用你們的產品所至，殊途同歸，你不認為後者更高明嗎？」總經理寫了張紙條遞給她：「妳去人事部先報到，先做推銷，試用妳三個月。」雅孜十分珍惜來之不易的工作，滿腔熱情的投入工作中，一個月下來，業績顯著，她現在已是該公司的副總經理。

求職競爭中，貌美者雖然可能容易得到職位，但是具有創造性，敢於用新的觀點、新的角度、新的方式研究和處理問題的求職者更具有競爭力

四、無薪求職

有一位年輕人畢業後來到美國西部，他想當一名新聞記者，但人生地不熟，一直沒有找到合適的工作。於是，他想起了大作家馬克．吐溫。於是年輕人寫了一封信給他，希望能得到他

的幫助。

馬克．吐溫接到信後，給年輕人回了信，信上說：「如果你能按照我的辦法去做，你肯定能得到一席之地。」馬克．吐溫還問年輕人，他希望到哪家報社任職。

年輕人看了十分高興，馬上回信告訴了馬克．吐溫。於是，馬克．吐溫告訴他：「你可以先到這家報社，告訴他們我現在不需要薪水，只是想找到一份工作，充實一下我的時間，我會在報社好好的做。一般情況下，報社不會拒絕一個不要薪水的求職人員。」

你獲得工作以後，就努力去做。把採訪寫好的新聞稿給他們看，然後發表出來，你的名字和業績就會慢慢被別人所知道，如果你很出色，那麼，社會上就有人會聘用你。然後你就可以到主管那裡，對他說：『如果報社能夠給我相同的報酬，那麼，我願意留在這裡。』

對於報社來說，他們將不願放棄一個有經驗且熟悉公司業務的工作人員。」

年輕人看了信，雖然有些懷疑。但還是照著馬克．吐溫的辦法做了。不出幾個月，他就接到了別的報社的任職邀約。而他所在的這家報社知道後，表示願意出高出別人很多的薪水挽留他。

故事中的年輕人聽從勸告選擇了一條獨特的求職道路，把求職作為一種提高自己才能、積蓄實力的手段，化被動為主動。在職位競爭激烈的今天，這種辦法也許值得一試。

面對越來越善於自我包裝、越來越會作「秀」的求職大軍，許多徵才公司也是心存疑慮，只有靠親眼所見才能相信你的才能。如果你真是一個人才，建議不妨找個為對方「義務」打工的機會來表現自己，一時的「免費」試用也許會給你帶來長久的收益。

五、破釜沉舟

一位留學生在剛到美國的時候，為了能找一份能維生的工作，騎著一輛腳踏車沿著公路騎了幾天。在這期間，他替人放羊、收割、除草、洗碗，只要有人能給口飯吃，他就會暫時停下他那疲憊的腳步。

有一天，正在唐人街一家餐館洗碗的他，偶然在報紙上看到了一家電信公司的徵才啟事。他擔心自己的英語不夠好、專業也不相符，就選擇了線路監督的職位去應徵。

經過初試、複試，他過五關斬六將，終於贏來了面試的機會，眼看著就要得到那年薪三萬五千美元的職位了，不想面試官卻問了他一個出人意料的問題：「你有車嗎？會開車嗎？這份工作時常要外出，沒有車的話寸步難行。」

他剛剛才來到美國，養活自己都成問題，能有車嗎？但為了得到那個極具誘惑力的職位，他不假思索的回答：「有！也會開！」

「那麼，三天以後你開著車來上班吧！」主管說。

幾乎身無分文的他要在三天內買車、學會開車談何容易，但為了生存，這位留學生向他的一個朋友借了五百美元，在二手市場上買回了一輛舊的不能再舊的福斯金龜車。

第一天，他看著朋友學開車；

第二天，他自己顫抖著雙手在草地上歪歪扭扭的開車；

第三天，他開著那輛破金龜車、左搖右晃著去上班了。

如今，這位留學生已是那家電信公司的業務主管了。

我們雖然不清楚這位留學生的專業水準，但我們不得不佩服他的膽識。這位留學生當初在應徵時如果稍一猶豫，沒有拿出一點置之死而後生的破釜沉舟的決心，不把自己置於懸崖邊上，放棄了自己的後路，說不定至今仍在哪家餐館刷著盤子，或者替哪位農場主人剪著羊毛呢！

【謀職攻略】

如今的時代是崇尚個性的時代，在日漸激烈的求職競爭中，傳統的固有模式在許多人眼中已經過於陳舊，如果你能以獨特的方式吸引老闆的注意，你也許就會有意想不得的收穫。但值得注意的是，另類求職是有風險的，個性化的求職首先要了解應徵企業的文化背景，要有針對性，不然只會弄巧成拙，得不償失。

網路求職是最方便快捷的求職方式

網路求職是廣大求職者找工作的一種重要途徑。求職者透過網路查詢徵才資訊，填寫求職信和個人履歷表，並透過電子郵件或者網路的提交系統提交給徵才公司。徵才公司在獲得求職者的求職資訊後，給予求職者面試的機會，以進行下一步的錄取與否工作。

辰媗是師範大學文學院的大四學生，最近開始為找工作的事而忙碌。除了參加日常招聘會，她還把大量的精力放在網路求職上，幾乎每天都花費二個小時以上在網路上投遞履歷，與徵才公司溝通交流。

生活中，和辰媗一樣利用網路求職的人很多。由於科技的發展，網路已經成為我們工作、生活、徵才、求職必不可少的幫手；所以在網路上找工作也已經成為廣大求職者必選途徑。但是，當大家都用網路求職時，競爭加劇，利用網路求職也要有一定的技巧才能讓你脫穎而出。

網路上求職，要注意以下規則：

一、寫好求職信、履歷

求職要備好中英文履歷與求職信，履歷是個人自傳，而求職信則是寫自薦文章。你的目標是如何能留給對方深刻的印象，怎麼從眾多申請同一職位的求職信和履歷中脫穎而出。

（一）求職信就是自我介紹，除了證明你是求職者中最好的一個，還要證明你是最適合的，以此爭取獲得面談的機會。求職信的內容要根據所應徵職業特點，說明你有符合這個職業的優勢，還要有所創新，別出心裁，吸引人事負責人的眼球，產生試用你的意願。切忌千篇一律，複製網路上的範本。在求職信中，特別要寫到一點：你能為公司做什麼？盡力呈現出你非常適合這個職位。

（二）寫履歷一定要採用倒敘的方法，從最近的時間寫起。用與申請職位有關的工作經歷，進行主要描述，適當時還可以設法突顯重要資訊。寫個人履歷的首要原則是要有重點。如果履歷的陳述沒有尋找工作和職位的重點，或是把自己描寫成一個適合於所有職位的求職者，你將無法在求職競爭中勝出。另一個原則是履歷就是推銷你自己的一份廣告。要能夠多次重複最重要的資訊。在履歷上，陳述你性格上的最大優勢，然後再將這些優勢結合你的工作經歷和業績的形式加以敘述，以爭取更大的成功機會。另外，履歷一定要附上照片，這個是細節，不一定是人事負責人愛看，而是一個行為習慣，表現對職業的尊敬態度。照片就是第一印象，有時可以增加人事負責人對你的好感，自然增加你的勝率。

二、搜集網路招聘資訊

（一）徵才網站：專業的徵才網站常常不乏知名企業的徵才資訊，另外還會視情況舉辦不同類型的網路上徵才會。同時，一些專業的徵才網站會提供職位的職責與任職資格的參考。

（二）企業網站：一般來說，知名企業網站的徵才專區中，會常年公布一些職缺資訊，裡面對職位職責以及對求職者的要求都描述得比較詳盡。求職者如果對知名企業感興趣，可以利用搜尋引擎查詢到你要的網址。進入公司網站後，找尋相應的人才招募區即可。

（三）大型社群網站：許多大型綜合網站和社群網站也設有徵才專欄，求職者在流覽這些網站時不妨多留意裡面的徵才資訊。

三、不要只應徵最近三天的職位

一般求職者認為剛剛發布的最新的徵才資訊肯定是成功率最大的，其實不一定，有些公司可能是因為某些事情沒能及時登陸更新招聘資訊，所以求職者在搜尋職缺時剛更新的職位會排在前面，但其實這些職位應徵的人多且競爭大，相反的，一些職位已經是半個月甚至是兩個月的，應徵的人少，成功率反而高。

四、如果不是徵才公司特別要求，不要把履歷貼在附件裡發送

一是因為郵件太多，有時看郵件的工作人員不願意打開；二是因為電子郵件病毒盛行，許

多徵才公司不願打開電子郵件的附件；三是因為格式的不同，有些附件在徵才公司那裡可能是打不開的。同時，要注意把履歷轉化為文字檔，而且小心不要出現字詞及語法類的錯誤。

五、經常刷新履歷

當人事經理搜索人才時，符合條件的履歷是按更新的時間順序排列，而人事一般只會看最前面一兩頁。很多求職者其實並不知道更新履歷可以獲得更多求職機會。因此每次登入，最好都更新履歷，更新以後，就能排在前面，更容易被人事負責人所找到！

六、網路求職更要「廣種薄收」，增加命中率

由於網路本身的原因，在很多情況下會出現你在某個網站公布的求職信，需要者看到了卻不感興趣的情況。因此，就像在大型召聘會中盡量往自己感興趣的公司投遞資料一樣，你也應盡量往多個求職網站張貼自己的求職信，以求提高命中率。

七、不要同時在一家公司應徵數個職位

一般來說，在徵才公司看來，你越是對某一職位志在必得，他們會越感覺你是認真的。相反的，如果既應徵祕書，又應徵程式設計師，還應徵銷售人員，他們會覺得你對三個方面都不是很精通，這樣一來應徵的成功率自然也就低。

八、發出求職資料後，要主動與徵才公司聯繫

在網路應徵結束後幾天，要主動透過電子郵件或打電話詢問情況，向徵才公司表示誠意，也讓自己心中有數。

九、網路上求職，可以化被動為主動

利用自己的技術優勢，在網路上建立自己的個人主頁，充分展現自身特色，吸引徵才公司的目光。個人主頁應該圖文並茂，內容包括自己的求職信、履歷、論文、實習報告、網誌、作品集以及見報文章等。

【謀職攻略】

網路讓求職找工作變得更加簡明和快捷。但值得求職者注意的是，網路上求職也要謹防詐騙。網路上求職和其他求職手段一樣，都有上當受騙的可能。

與其獨自踏上求職路，不如貴人相助

求職成功與否，有時並不完全掌握在自己手中，還有許多外因在左右著發展方向和進程，貴人就是這些外因中最重要的一種。貴人能夠為我們提供謀職的資訊和資源，在關鍵時刻為我們指點迷津，指點解決問題的方法，為我們的職業生涯帶來希望和轉機。

貴人，是生活中不可缺少的人。人的一生，總會出現一些對你加以指點、扶持、提拔、撫慰、協助你度過難關的貴人，這將直接關係到人生的發展。

常言道：「朝中有人好做官。」生活中，我們常聽到有人抱怨說自己的能力不比別人差，業務也精通，但就是謀求不到好的工作機會。相反，有些人能力平平，卻因為有人提拔和引薦，進而謀求到好的工作職位。看來，能得到別人的提攜，遇到貴人相助，確實對個人的事業有很大的幫助。曾經有一份調查顯示：職場中，凡是做到中、高級以上的主管，百分之九十的人都受過不同級別人士的栽培和幫助；做到總經理的，有百分之八十遇過扶助自己的貴人；自己創業當老闆的，竟然百分之一百都曾被人提攜過。可見，成功者之所以能成功，也與生命中貴人的傾力相助分不開，是貴人使他們快速成長，帶領他們走向成功的道路。

哈維．麥凱在大學畢業後開始找工作。當時，他以為可以輕鬆找到一份好工作，結果卻徒勞無功。哈維．麥凱的父親是位記者，他認識一些政商兩界的重要人物。

這些重要人物之中有一位叫查理．沃德的人。他是全世界最大的月曆卡片製造公司的董事長。四年前，沃德因為涉及到一些稅務問題而服刑了。哈維．麥凱的父親覺得沃德的逃稅一案有些蹊蹺，於是便赴監獄採訪了沃德，並且寫了一些公正的報導。沃德看了那些文章後，激動不已。在公正的報導和強大的輿論下，沃德很快出獄了，出獄後，沃德問哈維．麥凱的父親有沒有兒子。

「有一個，在上大學。」哈維．麥凱的父親說。

「他什麼時候畢業？」沃德問。

「他剛畢業，正在找工作。」哈維．麥凱的父親說。

「噢，這麼剛好，如果他願意的話，叫他來找我吧。」沃德說。

第二天，哈維．麥凱就打電話到了沃德的辦公室裡。起初，祕書不允許他與沃德通話，直到他提到父親的名字後，才獲得了一次與沃德通話的機會。

電話裡，沃德對他說：「你明天上午十點鐘直接到我辦公室來，我們面談！」第二天，哈維．麥凱如約而至，沃德興致勃勃的談論哈維．麥凱的父親對他進行採訪的經歷，談話氣氛非常輕鬆、愉快。二人聊了一段時間後，沃德說：「我想派你到我們的一個分公司——『品園信封公司』工作。」

第二天，哈維．麥凱站在鋪著地毯、裝飾得非常闊氣的辦公室內，想起自己一個月前還在街上閒晃的情景，心裡特別高興，因為，他不但頃刻間有了一份工作，而且還是到薪水和福利最好的公司上班。就是這份工作，使哈維．麥凱的事業得到了更好的發展。

哈維．麥凱在品園信封公司工作時，努力學習並且熟悉了經營信封業的流程，懂得了操作的模式，學會了推銷的技巧，累積了大量的人脈資源。四十二年以後，哈維．麥凱還在這一行，而且成了全美國最著名的信封公司——麥凱信封公司的老闆。

由此看來，善於接受貴人的幫助，是求職者把握相關機遇關鍵性的一步，也是他們最終成功的要素之一。

美國著名教育家卡內基曾經提出「一個人的成功，百分之十五取決於專業本領，百分之八十五取決於人際關係與處事技巧。」這句話得到了職場人士的認可和推崇。確實，在求職的過程中，貴人相助是不可缺少的一環，有了貴人，不僅能為你事業加分，還能為你的成功加速。

某公司新來一位經理，需要一位祕書，在好朋友的推薦下，菀亭被選中了，新經理很滿意她，菀亭更是欣喜若狂，因為找到自己喜愛的祕書工作是她的心願，關鍵是有這麼一位信任他的好朋友的經理，也許她沒想過這個朋友能對她的成功起到這麼重要的作用，也許她們來往的時候，沒想到日後要靠好友給自己機會。

但從某種意義上來說，廣泛與人交往是尋求求職機遇的泉源。交往越廣泛，求職機會就越高。有許多求職機遇就是在朋友的推薦下出現的。

李嘉誠說過：「人生最大的機遇，就是遇到貴人。」貴人，其實就是你的人際關係。

人類在社會生活中以不同形態存在，每個人在一生當中都會接觸到很多朋友，他們在各行各業都會占有一席之地，也許某一天會成為你的貴人。

志瑋在某雜誌社工作已經有一年多了，他發現自己並不喜歡這份工作。在內心深處，新聞系畢業的他十分想當記者。但遺憾的是，大學畢業的時候，就業形勢十分嚴峻，他只能先抓住出版社這個機會。經過一年多平淡的工作之後，他內心潛藏的願望又開始波濤洶湧了。於是，他參加了一家知名報社的徵才。由於他在大學時期就曾在校報工作，已經具備了良好的新聞敏感度和流暢優美的文筆，所以第一輪的面試很輕鬆就通過了。複試的時候，主編對他的表現也很滿意。可是，錄取通知卻遲遲沒有到來，他也不清楚是什麼緣故。有一天，他的一位大學同學來看他，他就說起了此事。不料他的同學竟對他說：「你應該早一點來找我啊！我太太就是這家報社的主任，讓她幫你一把，這事一定能成。」志瑋沒想到還有這一層關係，於是趕忙向同學到道謝。

果然，一週之後，報社打電話通知他去上班了。他在登門答謝同學的時候，同學的太太對他說：「這只是一件小事，你大可不必放在心上。其實本來主編就對你很滿意，只是參加複試的人中還有其他兩個人的能力也很強，主編一時之間拿不定主意。當我和他提起你的情況之後，他便很快決定好了。其實，站在報社的角度，錄取誰都是一樣的。只是主編聽到了我的話，感覺對你多了一份信任罷了。」這件事讓志瑋感慨頗多，原來，在人生的路途上，「有貴人」和「沒貴人」是多麼的不一樣。

看來，在求職的過程中，有貴人相助，對一個人的生活和事業很重要。因為他可以幫助你，為你的職業生涯提供建設性的規劃和建議，加快你的晉升速度，在人際關係中對你加以保護。

經歷一場感情的浩劫，莉婷頹喪的過了幾個月。學校畢業在即，她必須打起精神來找工作。在一次求職面談中，認識一位慈眉善目的學姐，一眼看穿莉婷的心事。已經是某大企業人力資源部經理的學姐，早她畢業幾年，對感情和工作都有獨到的看法。兩人在學校時並不熟識，但基於同校情誼，學姊仍無懼於交淺言深的勸莉婷：「與其讓自己沉溺在一段逝去的感情中，不如找一份有挑戰性的工作，好好衝刺，重新發現自己的潛力，讓別人看到不同於以往的妳，將來一定會有更好的對象出現在妳的身邊！」雖然面談十分順利，但因為莉婷自己的選擇，並沒有立刻加入學姐任職的企業，而是選了一家規模比較小的公司，開始事業生涯的第一步。

學姐的鼓勵令莉婷踏出了第一步，她謹記學姐的勸勉，投入職場。半年多就做得有聲有色，感情的陰霾也漸漸離她遠去。一個週末，公司的慶功宴結束，莉婷一個人回家，午夜走過東區的街巷，腦海中突然浮現學姐的身影，心中盡是感激，她徹夜不眠的打了一封很長的電子郵件寄給那位學姐。談及半年以來在職場上學習的成果，以及目前的工作情形，同時對於學姐曾經給予的鼓勵，表示由衷的感謝。從那一次開始，兩人就以電子郵件往返。雖不是經常聯繫，每隔一段時間就會交換彼此的問候。一年以後，已經升任為總經理的學姐，突然打電話給她：「我們公司業務部有個主管職缺，妳要不要來試試？」經過幾個星期的面談，莉婷決定加入學姐的公司，換個跑道給自己更大的挑戰。第一天上班，莉婷誠心的向學姐道謝：「妳真的是我生命中的貴人！」

在人生的旅途中，任何人都需要貴人的扶持，貴人可以助你達到理想、完成目標。儘管他們的態度和方法各有不同，但他們都是支持和幫助我們的人。每個人都應該去尋找生命中的貴人，並且珍視他們的言行，追隨他們前進的步伐，借鑒他們的才華，因為有了他們的引領而使我們受益；我們可以因為貴人的關係，而認識更多的良師，在他們的引導下，成就自己的夢想。

【謀職攻略】

貴人是你在職業生涯的關鍵時刻發揮作用的人，是能夠適時給你幫助或指引的人。一個人在職場中是否能有貴人相助，其實最大的決定因素就是自己的努力。懂得用正確方式去拓展人際關係的人，絕對可以找到貴人，進而得到貴人的幫助，謀得好的工作。

主動求職，好工作不是等來的

不少求職者在求職中都有一個誤解：求職就是求人。因而總是對面試官唯命是從，沒有自己的主見，被面試官牽著鼻子走。誠然，在僧多粥少的今日職場，徵才的一方占了主動是不爭的事實；但透過主觀努力，化被動為主動也不是不可能之事。

畢業不過五年，齊明凱已是一家外國企業的行銷部經理了，擁有較高的薪水和不錯的發展空間。齊明凱說，他成功的祕訣其實很簡單，那就是「主動求職」。

齊明凱畢業後，就瞄準現在這家外企，不過，第一次面試時，公司拒絕了他。齊明凱沒有氣餒，他給該企業的人資部經理發了一封電子郵件，闡述了自己在應徵中的收穫，對於自己的不足，希望人資部經理指出以便改進，並說如果下次有機會還會去該公司應徵。

很多人在應徵失敗後，與所應徵企業的再次交流機率幾近為零，而齊明凱認為，這次沒有機會，不代表以後沒有機會，他也希望從失敗中獲得更多啟迪。

幾天後，對方人資部經理給齊明凱回了一封郵件，說很欣賞齊明凱的執著精神，認為齊明凱其他條件都不錯，唯有經驗不足、外語水準差了一些。

明白自己的弱點後，齊明凱開始制定改進計劃並具體實施，為了積攢工作經驗，他來到另一家企業實習，儘管是實習，但他從不錯過任何一個向老師學習和求教的機會，同時還報名參加了一家英語補習班。他把自己實習經歷和感受以及學習情況，都一一發郵件給那家外企的人資部經理。兩個月後，實習企業對齊明凱非常滿意，願意將他招納為正式員工。齊明凱為此甚至專門登門拜訪那位外企的人資部經理，希望聽到他對自己職場規劃的建議。

齊明凱的進步，人資部經理看在眼裡，齊明凱的誠意更是打動了他。半年後他主動找到齊明凱，詢問他是否有意擔任公司的某一空缺職位，就這樣齊明凱用持之以恆的主動，獲得了心儀的職位。他珍惜來之不易的機會，非常努力，不久被提拔為行銷部經理。

齊明凱的求職經歷告訴我們，如果你想在眾多的求職者中脫穎而出，你就要主動出擊。一個只會等待機會降臨的求職者是不會找到如意的工作的。

在求職擇業過程中，機遇對每個人都是均等的，就看你如何把握了。當有價值的徵才資訊、可能就職的機遇出現的時候，你必須主動出擊，因為機會要靠主動爭取才能降臨你的頭上。

求職中的主動表現在兩方面：

一是主動為自己尋找機會，主動登門拜訪或採取刊登求職廣告等形式來推銷自己。主動登門拜訪會增加求職的機會，但不同年齡段採取的方式也有所不同，其成效也會不同。

吟映畢業於一所不好不壞的大學，她這樣評價自己「有一定的能力，但絕對不是最優秀的，但身上有一股拚勁」。大學畢業後，她選擇了一種最辛苦也是比較盲目的主動求職方法，就是拿著履歷在外國企業的辦公室內「逐一拜訪」，在經歷過幾次被婉拒的「痛苦」後，吟映的這種主動精神得到了一家外國企業的外籍管理人員的賞識，在考察過吟映的幾方面能力後，終於決定對其進行錄用。

二是在面試後主動做一些適當的「工作」，都會使企業認為你對這份工作很有熱情，對其企業也是非常感興趣的，因此增加對你的好感。

某公司要徵一名部門經理，薪水待遇非常優厚，因此，前來應徵的人非常多，競爭的激烈程度也就可想而知了。四輪面試過後，只有四位得到了晉級機會。公司總經理逐一接見了他們。面試結束後，總經理對四位求職者說：「你們四位都很優秀，但由於公司近一個月內比較忙，一個月後通知你們招聘面試結果，請各位回去等消息吧。」

一個月後，其中三位求職者接到了該公司的電話，要求他們在次日上午，到公司與總經理面談。三位如約而至，總經理面帶愧色的說：「很抱歉，讓三位白跑了一趟，遺憾的是，三位沒有被公司錄用。這是給你們的誤工費。」說完，遞給他們每人一個紅包。

三人不知所措的問：「為什麼會出現這樣的結果？」總經理解釋道：「我們的職位有限，現在只需要一個人。以公司現在的實力，不會因為想少付職員一個月的薪資而推遲他的到職時間。公司不希望自己的員工總是處於等候狀態，在競爭如此激烈的社會裡，只有主動出擊的人才有可能抓住成功的機會。」原來，與他們一起參加面試的另外一個應徵者，早已經在該公司工作了。面試結束後的第三天，他主動給公司打了電話，他要求總經理給他一次試用的機會。出乎意料的是，總經理竟然一口答應了。由此看來，這一個月的期限，是總經理故意設下的一個圈套，他想以此來考驗求職者是否具備主動出擊的能力。

每個求職者都會遇到這樣一種情況：面試結束後，徵才公司要求應徵者回去等通知。面對這種情況，大多數求職者的做法是等待，很少有人能主動出擊，因此，錯過了就業機會。

一個缺乏主動性的求職者，很難將就業主動權掌握在自己的手裡。其實，徵才公司並不喜歡這樣的員工。在招聘者眼中，能主動出擊的求職者往往具有很強的開拓性，能與時代同步發展。如果能招募到這樣的人才，勢必會為企業注入新的活力，從而提高公司的整體實力。就求職者而言，一旦掌握了主動權，便省去了許多麻煩，學會主動，找到一份令自己滿意的工作，不再是令人頭痛的事情。

【謀職攻略】

學會主動出擊，不要讓工作機會找你，而是你應該主動尋找工作機會。

多掌握一份技能，提高就業競爭力

有這樣一個小故事：

在一個漆黑的晚上，老鼠首領帶領著小老鼠出外覓食，在一家人的廚房裡，垃圾桶中有很多剩餘的飯菜，對於老鼠來說，就好像人類發現了寶藏。

正當一大群老鼠在垃圾桶附近大挖一頓之際，突然傳來了一陣令它們心驚膽戰的聲音，那是一頭大花貓的叫聲。牠們震驚之餘，便各自四處逃命，但大花貓絕不留情，不斷窮追不捨，終於有兩隻小老鼠躲避不及，被大花貓捉到，正要將牠們吞噬之際，突然傳來一連串兇惡的狗吠聲，令大花貓狼狽逃命了。

大花貓走後，老鼠首領從垃圾桶後面走出來說：「我早就對你們說，多學一種語言有利無害，這次我就因此而救了你們一命。」

這個故事告訴我們：多學習並掌握一門技能是至關重要的。同樣，在職場中，多掌握一門技術，就意味著多一條出路、多一種選擇。

隨著科技的發展和時代的進步，不斷出現的新知識和新技能，需要我們不斷「充電」、學習，這樣才能取得事業上的成功。現代企業對員工的要求是，既能在本職工作上做出好成績，最好還能掌握一些其他領域的知識，雖然不用達到行行精通的程度，但至少應該做到了解。這就要求求職者應將自己培養成「複合型」人才，才能使自己與公司的徵才要求相吻合。

鄭啟剛是一位剛剛走出校門的大學生，為了找到一份適合自己的工作，鄭啟剛參加了許多人才媒合會。一天，一家大型雜誌社通知他前去面試，中文系畢業的鄭啟剛，滿懷信心的到了該雜誌社。不料，眼前的情景卻打消了鄭啟剛的自信心。前來應徵編輯職位的求職者共四十多名，其中，有二十多名求職者具有研究所的學歷，還有十多名求職者具有多年相關工作經驗，鄭啟剛想，自己只是一個普通的大學生，又沒有工作經驗，根本沒辦法與其他人競爭。第一輪面試後，鄭啟剛心裡便打起了退堂鼓，沒有信心再繼續坐下去。第二場面試的主面試官是該雜誌社的總編輯，當他正準備給應徵者出題時，祕書慌慌張張的推開接待室的門，對他說：「總編，電腦壞了，有一份非常重要的資料有急用，但是調不出來，這該怎麼辦呢？」總編說：「打電話請人來維修吧！」祕書點點頭，轉身便要離開，

這時，鄭啟剛站起來說：「讓我試試吧，我懂一些這方面的知識。」總編雖然心生懷疑，但因情況緊急便同意了。一個小時以後，電腦恢復了運作。總編對此感到非常意外，沒想到一個文科畢業的學生，竟然對電腦如此精通，的確令人驚訝。其實，鄭啟剛不但懂得電腦維修與管理，還會使用多種軟體。在校期間，他曾負責學校機房的維修與管理，沒想到這一個小小的技能，在面試過程中卻有機會表現出來，且得到了主面試官的讚許，這令他非常高興。

兩天後，鄭啟剛接到了該雜誌社的錄用通知。

面對競爭如此激烈的現實社會，每一個身在職場中的人都是「不進則退」，多掌握一門技術對自己大有幫助，所謂技多不壓身。對謀職者來說，多掌握一門技術，就多一分競爭力，也就多了一分成功的機率。

但凡聰明的求職者，在面試過程中，都會想方設法將自己的「十八般武藝」展現出來，以此來為自己創造更多的就業機會；但有些愚鈍的求職者，只會按照主面試官的提問，將個人在應徵職位方面的才能表現出來，要知道，既然被通知前來面試，大多數人都已經符合應徵職位的要求了，與他們相比，你應該多表現出一些他人所不具備的特點或者優勢，這樣才不至於被埋沒。

冠淑是會計系畢業的大學生，剛一畢業，她和其他同學一樣三天兩頭的跑招聘會，只要一有機會就去參加面試。但是一個多月下來，並沒有什麼收穫。與那些名牌院校的畢業生相比，冠淑並不具備優勢，她的外在條件很一般，與那些身材修長、外貌清秀的女孩一起去應徵，冠淑常常自己都失去了自信。一次次的碰壁，一次次的遭到拒絕後，冠淑有些氣餒了。

該怎麼辦呢？冠淑變得一籌莫展。

這一天，她站在報攤前隨意翻閱著面前的各種報紙，無意間被一篇報導所吸引。文章講述了一位自強自立的殘疾青年，雖然他的雙腿無法行走，但他並沒有自暴自棄，經過刻苦的學習，不但拿到了大學文憑，還練得一手好字，最後這個年輕人被一家博物館錄用了。文章寫得很感人，讀著讀著，冠淑不禁心中一動：自己不是也能寫一手好毛筆字嗎？

原來，冠淑的毛筆字寫得非常好。上國中時，她的毛筆行書在全國書法大賽中還得過獎。冠淑從報紙上的那篇文章中得到了啟發，她想，這確實是自己的一個強項啊！完全可以作為一個特長在求職時展示給主面試官。自己學的是會計，字寫得好也是這一行業中的優勢。冠淑一下子受到了啟發，彷彿心裡打開了一扇天窗。於是，只要一有時間，她就坐下來認真的練習毛筆書法。

接下來，冠淑又有了新的想法。根據祕書工作的特點，速記與打字是必須具備的能力，冠淑在校期間雖然也學習了這方面的課程，但那時畢竟時間有限，缺少系統性的訓練，打字和速記的能力很一般。現在，她決定再去進修一下，提高自己這方面的能力。

之所以做出這個決定，是因為在招聘會上，她發現找工作難就是因為競爭者太多，她有文憑，別人也有，她有會計能力測驗合格證書，人家同樣也有，她的成績優秀，人家更優秀，所以她總是得不到心儀的工作。如果想從眾多的競爭者中脫穎而出，自己就必須擁有一般人不具備的條件，在某一方面具備別人普遍不具備的能力，這樣一來競爭的優勢就相對強一些，成功的把握也就大了很多。

打定主意後，冠淑立刻就去報名參加了一個速記打字進修班。每天晚上她都按時趕到進修班上課，就連週末也不休息。辛勤的努力很快就見到了成效，經過一個月的培訓，冠淑的打字速度由原來的每分鐘幾個字提高到每分鐘八十，速記的技巧和能力也有了很大的提高。拿到了培訓班的結業證書，冠淑在非常高興同時心中還有了一種踏實感，也變得更加自信了。

在後來的求職面試中，冠淑很用心的展示自己的特長。不久，在應徵一家大型企業的祕書職位時，她那娟秀的字體就被面試官一眼看中了。面試官拿著冠淑寫的書法愛不釋手，他一邊看一邊連連點頭說道：「像妳這樣年紀的孩子，能寫得這樣一手好字，難得，難得啊！」冠淑的打字和速記的能力也得到了面試官的認可，在考核結束後，冠淑聽到面試官對一旁的工作人員小聲說道：「這個女孩不錯，很踏實。我決定錄用了。」

就這樣，在眾多的應徵者中冠淑脫穎而出，得到了自己心儀的職位。

由此可見，求職者如果想在千萬人當中脫穎而出，除非你擁有絕對吸引人注目的東西。你需要多方面的要求自己，培養自己的綜合素養，多學習一些對求職方面有用的知識。這樣對你的求職道路有很大的幫助的。

【謀職攻略】

俗話說得好：「技多不壓身。」技能是生存的本錢，多掌握一些技能，對於求職有百利而無一害。隨著經濟的發展，求職競爭日益激烈，大多數求職者已經了解到技能的重要性，多掌握一門技術，就相當於多了一個就業機會。

第五章　注重面試禮儀，與面試官短兵相接

面試，就是當面考試，誰懂得禮儀，誰就得到加分。在很多情況下，面試就是與面試官最直接的「短兵相接」，你的一舉一動、一言一行，都讓面試官盡收眼底，服飾打扮、舉止言談、氣質風度，無一不在影響著你的形象，決定著你的前程和命運。所以面試禮儀是最為重要的一個環節，禮儀是個人素養的一種外在表現形式，是面試致勝的法寶。

學會電話禮儀，助你成功求職

手機，作為如今最為便捷的通訊工具之一，被徵才企業頻繁的運用於與求職者之間的面試溝通上。根據一份最新的調查研究顯示，很多求職者都對電話面試不以為然，從而失去了機會。徵才企業反映，有的求職者會一邊在進行電話面試一邊在做其他事情，比如吃飯、開車、泡澡、遛狗，甚至上廁所。

有一家軟體公司的經理給一名男性應徵者打電話，手機接通後首先是一片麻將洗牌聲，然後一個女聲說：「他現在很忙，你最好待會再打……」該公司經理只好很嚴肅的說：「我這裡是某某軟體公司，現在通知他面試，希望他能盡快接電話！」這才與應徵者聯繫上。

可見，很多求職者並不重視電話面試，認為不重要。但事實上，有很多大公司會選擇電話面試的方式，因為並不是只有面對面才能了解一個人，你的聲音、你的語言都有可能出賣你。

在接打面試電話時，對方看不到你的容貌，印象的好壞全憑聲音語調及說話的方式來判定，所以電話中的禮貌問題就顯得尤為重要。

接聽面試電話的禮儀要點：

(一)電話面試是一個較長的通話過程，更需要安靜的環境。可以選擇一個盡量不被打擾的房間，不要放任何的背景音樂，關閉手機，關閉電視和電腦喇叭，如果有寵物的話，需要把寵物支開，不要讓面試官聽見從聽筒裡傳來的狗叫聲，場景雖然喜劇，結局卻往往被拒。

（二）接通電話後，應先向對方問聲「您好」，切忌脫口而出的一個「喂」，如此會留給對方較好的第一印象。在明確對方的身分後，記得要主動自我介紹。要注意禮貌用語，經常使用「請講」、「請問」等。

（三）問清面試官的名字，並確定自己的念法正確在面試過程中，多稱呼對方的名字可以拉進彼此的距離。但只有對方要求你直呼其名，你才可以稱呼他的名字。

（四）通話時，態度要謙虛，聲調要溫和並富有表現力，語言簡潔，口齒清楚。要盡量保持與對方相同的語氣、語調、語速。打電話的時間不宜過長，但在說清的同時讓對方聽清楚。通話結束要說「再見」，萬不可隨意打聲招呼就掛斷電話。

（五）在電話結束時，要記得感謝面試官，而且你還要確認面試官有你的正確電話號碼，以便在接下來的幾個星期裡他能找到你。結束電話之前，一定要感謝對方來電話，顯示你的職業修養。

撥打面試電話的禮儀：

（一）選擇恰當的通話時間。給公司打電話時，應避開剛上班或快下班兩個時間。一般上午九點半到十一點，下午兩點到四點比較合適。此外，在剛上班的時段內，對方會比較繁忙，而臨近下班時又會歸心似箭，無心工作，所以應該避開這些敏感時段。

(二)控制通話時間。尤其要控制自我介紹的時間，力爭在不超過三分鐘的時間裡，把自己的狀況介紹清楚，並且能夠引起對方的注意。這就需要求職者在通話之前做好充分準備。

(三)提前準備通話要點。在電話中應該說些什麼，打電話前應擬好大綱，如果怕有遺漏，可以事先擬出通話要點，理順說話的順序，備齊與通話內容有關的資料放在手邊備用。電話撥通後，應先向對方說一聲「您好」，接著問：「您是某某公司嗎？」得到明確答覆後，再說明自己的身分和意圖。

(四)打電話時要認真傾聽對方講話，重要內容要邊聽邊記。如果對方說出自己的名字或職務時，一定要用心記住。同時，還要禮貌的回應對方，適度附和、重複對方話中的要點，不要只是說「是」或「好」，要讓對方感到你在認真聽他講話，但切記也不能輕易打斷對方的談話。

【謀職攻略】

接打電話面試，要講究技巧和禮儀，這不僅有助於提升自己的形象，更有助於獲得求職的成功。

良好的第一印象是面試成功的關鍵

在面試的過程中，給面試官的第一印象是非常重要的，因為良好的第一印象會給對方帶來好感，從而決定是否願意再做深入接觸。

第一印象就是，一眼看去「是感覺良好」或者是「感覺不好」。這種感覺的好壞程度在面試的整個過程中意義重大。即使你是出身於某名校，如果給面試官留下的第一印象不好的話，他會覺得：出身於名校固然很好，但與我們公司要選用的人才好像不太吻合。僅此一點，你的成功希望就大打折扣。面試官往往是從第一印象的「感性」開始來判斷一個人的。

某家大公司招聘祕書，翟曉鑫就去面試。但是她在乘車時，不小心刮破了絲襪，左腳腳踝上出現了一個小洞。應徵公司的辦公室樓下正好有個商店可以買雙新的絲襪，但是翟曉鑫覺得破洞在腳踝上，而且又不明顯，誰會注意它呢。所以她就沒在意，徑直走進了電梯。

然而，就是因為這個不起眼的小洞，翟曉鑫給面試官留下了一個很差的第一印象，因此沒被選聘。面試官認為，祕書工作是需要耐心和細心的，而一個對自己儀表不在乎的人，不可能會對工作細心和耐心。翟曉鑫知道落選理由後感到後悔莫及。

求職面試的過程，就是求職者在面試官心裡建立第一印象的過程。一個人的「第一印象」是非常重要的，和面試官初次接觸中必須注意這一點，如果給面試官的印象有所錯覺的話，就很難修正自己給人的第一印象。即使能修正過來，也要花費很長的時間、很大的力氣。而這時，我們可能已失去了到手的工作。

徐恆佐是從某知名學校畢業的研究生，畢業後他到一家公司應徵。應徵當天，快到結束時間的時候，徐恆佐才急匆匆的趕到了公司。只見他身穿一件藍格子襯衫，滿頭大汗。面試的總經理見到他這副尊容，皺了皺眉頭，準備將他草草的打發走，可當看見他的履歷上寫著研究生畢業時，總經理便滿腹疑惑的問了他幾個很刁鑽的專業問題。徐恆佐回答得頭頭是道。最後，總經理考慮再三，才決定錄用他。

後來，當徐恆佐來公司上班時，總經理對他說：「你給我的第一印象太差，如果不是你後來回答問題時表現出色，你一定會被淘汰的。」徐恆佐連忙詢問原因，總經理說道：「面試時你衣著不整，特別是你那件藍格子襯衫戴不正式，使你顯得一點兒也不像個研究生。」徐恆佐聽後，告知了總經理原委。

原來，他在去公司應徵的路上，看到路邊發生了一起車禍，他協助司機將傷患送往醫院後，發現衣服被染上了血跡。他連忙回家換衣服，碰巧衣服沒乾，只好借穿了表弟的衣服，然後氣喘吁吁的趕到公司。時間雖然是趕上了，卻是一副狼狽的樣子。之後，徐恆佐由於工作能力突出，不到半年，就被升為業務主管，並深得總經理的喜歡。

第一印象真的很重要。在求職面試的過程中，第一印象往往會給面試官留下很深的烙印，所以，求職者要盡量做到讓面試官喜歡你，對你有一個良好的第一印象。

卡內基說過：「良好的第一印象是登堂入室的門票。」不可否認，給他人第一印象的好壞直接影響著你在他人心目中受歡迎的程度。美國心理學家亞瑟所作的有關第一印象的研究中指出，人們在會面之初所獲得的對他人的印象，往往會與以後所得到的印象相互一致。那麼，在求職的過程中，怎樣才能給面試官留下良好的第一印象呢？從從根本上來說，它離不開提高自己的文化程度和修養水準，離不開進行良好的心態。心理學家提出下面幾條建議：

一、注意儀表

儀表是一個人內心思想的體現，它反映了個人內在的修養。得體的儀表，是展現個人魅力的重要手段之一。如果你穿的得體，那就會給面試官留下一個好的印象。注意自己的穿著，不一定要穿上最流行、最時髦的衣服去面試，只要穿著整潔，適合你的性格和體型的就可以了。

二、注意談吐

一個人的談吐可以充分體現其魅力、才氣及修養。一個人有沒有才氣最容易從講話中表現出來。在面試的過程中，要注意環境氣氛，絕對不要喧賓奪主，自說自話。風趣幽默的言談會帶給面試官聽覺的享受和心靈的愉悅。

三、展現風度

風度是一個人的性格和氣質的外在表現，是在長期的社交活動中所形成的好的性格、氣質的自然流露。美的風度之關鍵在於個人在實踐中培養自身的美的本質，形成美的心靈。古人早就說過：「誠於中而形於外。」心裡誠實，才有老實的樣子。當然，人的風度是多樣的，不能強求千篇一律。人的風度的多樣性，是由人的性格、氣質的多樣性所決定的。但是，無論性格、氣質的多樣性也好，還是風度的多樣性也好，都應當體現出人的美的本質。只有美的心靈、美的性格、氣質，才能有美的風度。

四、注意行為舉止

行為動作是一個人內在氣質、修養的表現。男性的舉止要講究瀟灑、剛強。而女性的舉止要注意優美、含蓄。在一般情況下，大方、隨和樂觀、熱情的人總是受人歡迎；炫耀、粗魯或過於拘束的人則讓人生厭。

【謀職攻略】

良好的第一印象是求職的入場卷。在面試的過程中，有一些求職者本身很有實力，只是因為沒能給面試官留下良好的第一印象，最終遺憾的與機遇擦肩而過。所以，應徵者應該用心打造好「第一印象」。

有「禮」走遍天下，禮貌面試通向成功

俗話說：禮多人不怪。禮貌既是一種文化，也是一種人情面子。所以，禮貌是面試中的一個很重要的細節，也是對於應試者自身素養的驗證。

彥隆大學畢業後，來到臺北一家外資企業求職，面試時他鋒芒畢露的介紹著自己，聽者為之讚嘆，然而，結束時他只拋下一聲「再見」，連握手也沒有，就拂袖揚長而去。接待他的面試官苦笑著搖頭：如果說有個性、有鋒芒上可以容忍的話，那麼連基本禮節都不懂的人我們則「養不起」，也無法與之合作。

面試是求職過程中一個重要的環節，是每個求職者都必須經歷的。無論你是彬彬有禮，還是不夠懂禮，抑或是傲慢無禮，都會給別人留下印象。如果你是個有「禮」並且有「心」的人，就會比他人多一些成功的機會。

某大學的一批應屆畢業生，被班導師帶到某實驗室裡參觀實習。他們坐在會議室裡，等待實驗室王科長的到來。這時候，有位實驗室的服務人員來為大家倒水，同學們表情漠然的看著她一個人忙，其中一個同學還問：「有礦泉水嗎？天太熱了。」服務人員回答說：「真抱歉，剛剛用完。」學生們頓時怨聲一片。

只有輪到一個叫潘傑的學生時，他輕聲的說：「謝謝，大熱天的，辛苦妳了。」

這個服務人員抬頭看了他一眼，滿臉驚奇，因為這是她當時聽到的唯一一句感謝的話。

這時候，王科長走進來和大家打招呼，可能大家已經等得不耐煩了，竟沒有一個人回應，王科長也感到有點尷尬。潘傑左右看了看，略帶猶豫的鼓了幾下掌，同學們這才稀稀落落的跟著拍起手來，由於掌聲不齊，顯得有些零亂。

王科長揮了揮手說：「歡迎同學們到這裡來參觀。平時參觀一般都是由辦公室負責接待，但因為我和你們的導師是非常要好的老同學，所以這次我親自來為大家導覽與講解。我看同學們好像都沒有帶筆記本。這樣吧，祕書，請妳去拿一些我們實驗室印的紀念手冊，送給同學們作個紀念。」

接下來，更尷尬的事情發生了，大家都坐在那裡，一個個很隨意的用單手接過王科長雙手遞過來的紀念手冊。

王科長的臉色越來越難看，走到潘傑面前時，已經快要沒有耐心了。

就在這時，潘傑禮貌的站起來，身體微傾，雙手接過紀念手冊，恭恭敬敬的說了一聲：「謝謝您！」

王科長聽聞此言，不覺眼前一亮，用手拍了拍潘傑的肩膀：「你叫什麼名字？」

潘傑很禮貌的回答了自己的姓名，王科長點頭微笑著回到自己的座位上。

早已萬分汗顏的班導師看到此情景，才微微鬆了一口氣。

兩個月後，在畢業生的就業表上，潘傑的就業欄裡赫然寫著這個實驗室的名字。有幾位頗感不滿的同學找到班導師問：「潘傑的學習成績頂多算是中等，憑什麼選他而沒選我們？」

班導師看了看這幾張因為年輕而趾高氣揚的臉，笑道：「潘傑是人家實驗室點名來要人的。其實，你們的機會不僅是完全一樣的，而且你們的成績還比潘傑好，但是除了學習之外，你們需要學的東西還有很多，禮貌便是最重要的一課。」

可見，講究禮節是一個人素養的反映、人格的象徵。在面試的過程中不僅能夠了解一個人的能力，更能了解一個人的素養。其實有時候，有禮貌比有能力更重要。

在面試的過程中，求職者應該注意以下幾點：

一、敲門

到達面試辦公室門口時，首先應該先整理下自己的儀容，然後敲門求進，這表示對面試官的尊重，敲門時要注意節奏和力度，不可太大力或時間太長。到達面試地點如果門是開著的，也不可貿然進入，仍要敲門或問候一下，等面試官發出「請進」的邀請後才可進入。進門後要輕輕把門帶上，然後向主面試官說明自己是來面試的。

二、關門

無論你進來之前門是開著還是關著的，你都要關門，這體現出你的修養。關門時聲音不能太大，要用手扶著門把關門，以減輕關門聲對他人的干擾。關門時應背對面試官將房門關上。然後，緩慢轉身面對面試官。

三、稱呼

稱呼，是人與人交往中使用的稱謂，是表達不同思想感情的社交手段。面試中的稱呼的禮儀特別重要。面試中應根據面試官的年齡、職業、地位、身分選擇適當的稱呼，如老師、某總裁、某經理、某廠長、某院長等。

四、致意

致意是一種常用的禮儀，表示問候之意。進入面試官的辦公室，有禮貌的稱呼面試官之後，應該向面試官致意，可以朝對方輕輕一點頭致意；也可以微笑致意；也可以彎身鞠躬致意，即先立正站好，同時雙手在前擺好，右手疊在左手上，面帶微笑，然後彎身行禮，鞠躬時應同時問候「您好」、「打擾了」等。

五、禮貌用語

面試的過程中，求職者應多使用禮貌用語，如：「您好」，「謝謝」，「再見」，「對不起」等。

六、關好手機

在面試時，應自動把手機關掉或設定靜音。不能在面試時手機響起或接聽手機，這是極不禮貌的行為。

【謀職攻略】

面試的過程中，求職者應該懂禮貌，它直接影響著主面試官對求職者的印象的好壞，進而決定是否錄用。

學會社交禮儀，舉止間表現出翩翩的風度

舉止是一個人的自身素養在生活和行為方面的反映，是體現一個人涵養的一面鏡子。「站有站相，坐有坐相，走有走姿」是對一個人行為舉止的最基本要求。正確而優雅的舉止，可以使人顯得有風度、有修養，給人以美好的印象；反之，則顯得不雅，甚至失禮。

舉止看起來好像是瑣碎小事，但是小事往往更能直接的反映出一個人的文化修養和素養。

在求職面試的過程中，要給面試官留下美好而深刻的印象，外在的美固然重要，而高雅的談

吐、優雅的舉止等內在涵養的表現，則更為面試官所喜愛。因此我們應當從舉手投足等行為方面有意識的鍛鍊自己，養成良好的站、坐、行姿態，做到舉止端莊、優雅得體、風度翩翩。

一、坐有坐相

正確的坐姿可以給人以端莊、穩重的印象，使人產生信任感。求職面試時，優雅的坐姿傳遞著自信、友好、熱情的資訊，同時也顯示出高雅莊重的良好風範。

進入面試房間，在沒有聽到「請坐」之前，絕對不可以坐下，必須等面試官告訴你「請坐」時才可坐下，坐下時應道聲「謝謝」。應試人必須有良好的坐勢，以使面試中的溝通和接觸能夠順利進行。

坐姿的基本要領是：入座時走到座位前，輕穩的坐下，然後把右腳與左腳併攏，坐在椅上，上身自然挺直，頭擺正，表情自然親切，目光柔和平視，嘴微閉，兩肩放鬆，兩臂自然彎曲放在膝上，也可以放在椅子或沙發扶手上，掌心向下，兩腳平放地面，起立時右腳先後收半步然後站起。

在面試的過程中，如果你坐的是一張靠背椅，千萬不要「癱」在椅背上，背脊應挺直，切勿彎腰駝背，也不要擺動小腿，頭要抬起，但不宜高昂著頭顱，僵直著脖子，這樣會把自己弄得像一具僵屍似的，給人以一種冷冰冰的感覺。如果你坐的是一張軟綿綿的沙發，就要盡量控制住自己的身體不要陷坐下去，應用脊椎抵住椅背。無論是坐硬椅子還是坐軟沙發，都應保持輕鬆自如的坐姿，雙手最好平放在腿上，雙眼平視面試官。

面試時，最忌諱的坐勢就是把腿翹起來。其實，不少人翹「二郎腿」已成為無意識的動作，往往一坐下來便不知不覺的翹起腳來。但這個無意識的動作卻會讓面試官認為你是個自大、沒有修養的人。現實生活中，常有求職者因為面試時翹「二郎腿」而導致名落孫山的事例，因此，面試時一定要有意識的提醒自己，千萬不要翹腳。

二、站有站相

站立姿勢。它是指人在停止走動之後，直著自己的身體，雙腳著地，或者是踏在其他物體之上的姿勢。它是人們平時所採用的一種靜態的身體姿勢，同時又是其他動態姿勢的基礎和起點。

所謂「站如松」，不是要站得像青松一樣筆直挺拔，因為那樣看起來會讓面試官覺得很拘謹。是指站立的時候要有青松的氣宇，而不要東倒西歪。

良好站姿的要領是挺胸、收腹，身體保持平衡，雙臂自然下垂。忌：歪脖子、斜腰、挺腹、駝背、抖腳、重心不穩、兩手插口袋。

優美的站姿男女有別：女性站立時，雙腳張開呈小外八字；男性站立時雙腳張開與肩同寬，身體保持平穩，雙肩舒展開，微收下巴。簡言之，站立時應舒適自然，有美感而不造作。

總之，一個人的站姿能顯示出他的氣質和風度。在面試時，你的站立姿勢，應該讓面試官覺得你自然、有精神，而你自己亦感到舒適、不拘謹。

三、走有走姿

從你進門開始，所有面試官的目光就都會聚集在你身上。不是因為你是名人、帥氣、美麗等等，而是從你進門的那一刻，對你的面試就已經開始了。

走路的時候，頭要抬起，目光平視前方，雙臂自然下垂，手掌心向內，並以身體為中心自然的前後擺動。上身挺拔，腿部伸直，腰部保持挺直，腳步要輕並且富有節奏感。

走路時上身基本保持著站立的標準姿勢，挺胸收腹，腰背筆直；兩臂以身體為中心，前後自然擺動，前擺約三十五度，後擺約十五度，手掌朝向身體；起步時身子微向前傾，重心落在前腳掌，膝蓋伸直；腳尖向正前方伸出，行走時雙腳踩在一條直線上。

總之，行為舉止是一種無聲的語言，是一個人的性格、修養和生活習慣的外在表現。在求職面試的過程中，你的行為舉止，直接影響著別人對你的評價，因此一定要養成良好的習慣。

【謀職攻略】

面試禮儀中，行為舉止作為無聲的語言，是面試官判定求職者基本素養的重要依據，所以，在面試這樣的場合，我們要多加注意自己的行為舉止，留給主面試官良好的印象。

優雅端莊的行為舉止為求職加分

求職面試的過程雖然可能只有短短的一個小時或幾個小時，但就是在這一段時間裡，求職者展示自己行為與能力的空間還是很廣闊的。這一時段的行為舉止，可能正是你的思想氣質的真實寫照。因此，把握好這一時段的行為舉止，用行為舉止去打動人、說服人，就顯得特別的重要了。

某公司由於人士調動，需要徵 一位祕書、一位內部管理人員、一位談判人員。公司貼出徵才廣告後，面試者蜂擁而至。

一輪筆試結束後，只有十位專業技能較強的求職者獲得了複試資格，於是，公司通知這十位求職者於第二天上午九點到公司進行複試。

第二天上午九點整，十位求職者如約而至。面試官滿意的點點頭，準備進行下一輪選拔。主面試官要求每人在兩分鐘內對他提出的問題做出回答。當第一名求職者進入面試官辦公室時，主面試官說：「把外套放好，在我面前坐下。」第一名應徵者感到詫異，因為他沒有在室內找到任何可以放外套的地方，也沒有找到任何一把椅子，除了主面試官坐的那把椅子外。第一名求職者頓時慌了手腳，不知道該如何應對這樣的考驗。結果，他灰溜溜的離開了。其他九名求職者所需回答的問題與第一名求職者的大致相同，只是作答方式各有不同而已。

複試的結果是：前兩名應徵者不知所措，灰溜溜的離開了；第三、四、五名求職者做出了不得體的舉動，一個坐在地上，一個靠在牆上，還有一個把外套脫下後放在了主面試官的桌子上；第六、七名求職者急得在原地打轉。剩下的三位求職者卻做出了恰當的反映：

一個將外套脫下後，順手搭在右手臂上，略鞠一躬後，彬彬有禮的對面試官說：「這裡沒有椅子，我可以站著回答您的問題嗎？」另一位求職者的回答是：「這裡沒有椅子，就不用坐了，謝謝您的關心，我願意站著回答您的問題。」最後一名求職者，聽到主面試官的要求後，將等候時坐的椅子搬了進來，放在離面試官一公尺遠處，然後脫下外套，折好放在椅背上，最後端正的坐在椅子上。兩分鐘的面試過後，他又將椅子放回原處，禮貌的說聲謝謝，然後把門關好，輕輕的離開了。

結果前七位求職者全部被淘汰了，而最後三位求職者中的一位獲得了祕書長的職位，一位坐上了管理者的位置，一位如願以償的成為該公司的談判人員。

從後三位求職者的行為表現可以反映出，第一位屬於照章辦事、對自己要求比較嚴格的人，但其創新、開拓能力較弱。他那彬彬有禮的態度較適合擔任祕書的職務；第二位面試者具備良好的心態，將他培養成管理人才是非常正確的選擇；第三位面試者的頭腦比較靈活，面對突發的問題，他能沉得住氣，能沉著冷靜的發揮聰明才智，解決實際問題。在商務談判上，選擇這樣的人再適合不過了。

求職面試過程中，個人的行為舉止決定著求職成敗。有些人認為，過分強調一些行為舉止，會影響個人才華的發揮，而且顯得有些做作。但要知道，在求職面試過程中，一些細小的行為舉止不但會影響個人形象的發揮，還可能影響就業的成功與否，本著「大丈夫不拘小節的原則」做事，是一件非常危險的事，求職者應引以為戒。

當然，也沒有必要因此而產生太多顧慮，因而在面試過程中表現得過於呆板，把具有特色的自己隱藏起來，這樣做就有些適得其反了。對於表現個人行為舉止這一問題，求職者還需以平常的心態對待，只要把握得恰到好處，把個人特有的特色表現出來就可以了，這對吸引主面試官的注意力有很大好處。當然，這裡指的是正確、恰當的行為舉止。

一家有名的大公司在媒體上刊登一則徵才廣告，要招聘一名辦公室祕書。

應徵當天，聞訊前來應徵的約有一百餘人，公司人力資源部長準備用筆試先篩選掉一部分的人再作決定，然而總經理卻拒絕了如此繁瑣的招聘手續，他吩咐人力資源部長傳喚每一個人到他的辦公室他要現場應徵。

被人力資源部長傳喚而去的一個個應徵者，他們不是夾著厚厚的履歷表，就是懷抱一疊證書，甚至還有人拿著公司上級主管的介紹信。

然而，總經理走馬觀花的應對前來的應徵者，每出去一人，他總朝人力資源部長搖搖頭。

正在總經理感到失望之時，一個貌不驚人但衣著整潔的年輕人被人力資源部長傳喚而來。人力資源部長面對兩手空空的年輕人，替年輕人惋惜——怎麼一點兒也不準備呀，至少也該有份履歷表呀。只見年輕人走到總經理的辦公室門前，禮貌的敲了三下門，待裡面傳出「進來！」，他先站在門前，認真的蹭掉腳上的泥土，而後輕輕推開門並隨手關上門。還沒走近總經理的辦公桌，年輕人發現地上有本書，便很自然的撿起放到辦公桌上。總經理和年輕人簡單的交談了幾句，這時有人敲門說要找總經理，門一開，一位殘疾老人蹣跚而入，年輕人連忙起身攙扶老人，且讓座給他。年輕人所做的一切毫不造作，呈現在別人面前的是善良、體貼。

當年輕人走出辦公室，人力資源部長進來準備請示總經理再傳喚下個人時，總經理微笑著朝他點點頭說：「就是剛剛的年輕人被我選中了！」人力資源部長驚惑的問道：「剛剛那個年輕人？他既沒有半本證書，也沒有受到任何人的推薦，甚至連最基本的履歷表都沒有。」

「你錯了，」總經理對人力資源部長說，「其實他帶來了內容豐富的履歷表，而且是這些人當中最優秀的履歷表！」人力資源部長疑惑了，莫非年輕人是總經理的親屬或有特別的關係？總經理繼續微笑著說：「年輕人的言行是他最優秀的履歷表，他輕輕敲門三聲，說明他懂得禮節，做事小心仔細；他在門口蹭掉鞋上帶的泥土，說明他注重細節；當看到那位我特意安排的殘疾老人進門時，他立即上前攙扶，而且讓座、沏茶，表明他善良、體貼、熱情。而當所有的人都從我故意放在地板上的那本書上跨過去，而年輕人去彎腰撿起那本書，並放回桌上，他的動作是那麼的自然、鎮定。他和我近距離交流，他的回答乾脆果斷，他的頭髮梳得整整齊齊、指甲修得乾乾淨淨……難道你不認這些細節為是最優秀的履歷表嗎？我認為他的言行就是他最好的履歷表！」人力資源部長聽後心悅誠服的笑了起來。

人的思想、情感，都是透過一舉一動反映出來的。舉止可以反映一個人的思想品位。在面試的過程中，如果你想打動面試官，那麼就要透過自己的哪怕只是一點點細小的行為舉止來表現、證明自己並說服對方。

【謀職攻略】

面試時，求職者的舉止總是令人注目的。它不但反映了求職者的心態，而且也是其修養、閱歷的客觀寫照。所以，我們一定要注意自己的行為舉止，給面試官留下好的印象。

人靠衣裝，求職服裝塑造職業氣質

俗話說「人靠衣裝」，第一印象往往是由一個人的衣著儀表和外在氣質形成的。第一印象往往讓人難以忘記，從而影響對交往對象的評價和判斷。在求職面試中，個人的儀表形象就像一張名片，上面貼著與你個性相配的標籤。是儀表堂堂、神采奕奕，還是邋裡邋遢、無精打采，從衣著上就能得出明顯的判斷。

有一所學校要招聘一名老師，學校董事會向校長推薦了一位女士。他們對該女士的修養、學識、風度都大加讚賞。當校長親自面試這位女士後，卻沒有錄用她。原因在一個小細節。她說：「那個女士來我這裡的時候，穿著昂貴的時裝，但戴的手套卻有點髒，鞋子上的扣子還少了一個，一個邋遢的女人是不適合做老師的。」

朱小姐應徵某公司公關經理職位。由於她是研究所畢業的，而且相貌出眾，在校期間曾兼職多家公司的業務代表，因此她非常自信，自認為像她這樣優秀的人才，無論哪個公司都會搶著要。但事實上她卻在面試後落選了。自信的朱小姐看到選拔結果一臉茫然，口裡喃喃自語：「不可能，這是不可能的……」後來，該公司的人事部經理揭開了謎底：朱小姐參加面試時，上衣有兩顆鈕扣未扣；褲子也有些皺；腳上的高跟皮鞋沾有灰塵。

從上面兩個事例，我們可以看出，面試時的著裝是一個大問題，它往往決定了面試的成敗。有些求職者雖然能夠成功的闖入面試階段，卻敗在了穿衣這個「小」問題手上。就如同某企業的一位人事主管所說：「我認為你不可能僅僅由於戴了一條領帶而得到一個職位，但是我可以肯定只要你戴錯了領帶就會使你失去一個職位。」

一般來說，和徵才公司第一次面對面交流時給對方留下的印象是極其重要的，而服飾在塑造良好第一印象的過程中功不可沒。如果在應徵時衣冠不整，會給主面試官留下不良印象，當然成功的機率就很低了。所以，為了給徵才公司留下良好的第一印象，求職者必須重視自己的服飾禮儀。

不同的工作對求職者的能力要求、性格要求是不一樣的，所以各行業分別形成了不同的著裝風格。因此，求職者要根據職業特點選擇衣著，使自己的打扮與這一職業相協調。

一般來說，傳統行業對職業著裝要求較嚴格，要穿得正式、標準。如果是面試政府機關、銀行、律師事務所、會計事務所、保險公司時，男生最好穿整套西裝，打領帶，搭配與服裝相配的皮鞋。女生最好穿整套的職業套裝。而新聞、資訊科技、技術等行業的氛圍比較自由，畢業生面試時可穿得略微休閒一點，但是也要突出職業氣質。男生可選擇把成套的西裝分開再搭配著穿，上衣、下著有一定色彩差距。大膽一點的人可以選擇款式、顏色較規矩的牛仔褲，上身配休閒西裝。女生面試這類職位時，要突出幹練的氣質，一般來說褲子套裝比較合適。

求職著裝根據行業和公司的特點而變化，這無疑更增加了求職者選擇的難度。在這裡，我們建議求職者面試前先到這個公司考察一下員工們穿什麼。如果大家都穿得很正式，面試時就要選擇正統的職業裝，中規中矩；如果大家穿得比較休閒、隨意，求職者面試時就可以相對輕鬆，但還是要記得穿得比正式員工更職業一點。

對於面試的著裝禮儀，具體可以參照以下建議：

一、女性求職者服飾禮儀

一、套裝

每位女性求職者都應準備一兩套較為正規的套裝，以備去不同公司面試之需。女式套裝的花樣可謂是層出不窮，每個人可以根據自己的喜好來選擇，但原則是必須與準上班族的身分相符，顏色鮮豔的服飾會使人顯得活潑、有朝氣，素色穩重的套裝會使人顯得大方幹練。

二、裙子

女士的服裝中最能展現女性魅力的是裙子，一條恰到好處的裙子能夠最充分的增加女性的美感和飄逸的風采。在面試場合中女士所穿著的裙子至少長度應及膝，最好是西裝套裝裙子，也可以是普通的長裙，但不要穿外露小腿過多乃至大腿的開衩裙，超短裙、無袖洋裝、睡裙只適用於家居或度假，如果穿到面試場合中是很失禮的。

三、鞋子

鞋跟不宜過高、樣式不宜過於前衛，夏日最好不要穿露出腳趾的涼鞋，更不宜將腳趾甲塗抹成紅色或其他鮮豔顏色。同時，應注意鞋子的顏色和款式上與服裝相配。

四、襪子

女性求職者的襪子不能有脫線。為了以防萬一，應在包裡放一雙備用，以防勾破絲襪時能及時更換。需要提醒的是，不論妳的腿有多漂亮，都不應在面試時露著光腿。若穿長筒襪要夠長，不要在裙子和襪子之間露出皮膚。

二、男性求職者服飾禮儀

一、西裝

男性求職者應在平時就準備好一兩套得體的西裝，不要到面試前才匆匆去購買，那樣不容易選購到合身的西裝。挑選西裝應注意選購整套的兩件式的，顏色應當以主流顏色為主，如灰色或深藍色，這些顏色在各種場合穿著都不會顯得失態。另外，購買西裝時在價位上應符合自己的身分，不要盲目比較，亂花錢買高級名牌西裝。

西裝的穿著，要注意以下幾步：

一是拆除商標。穿西裝前，不要忘記把商標或固定口袋等定型的手縫線一起拆掉。

二是熨燙平整。除了要定期對西裝進行乾洗，還要在每次穿之前，進行熨燙，以免使西服又皺又髒。

三是扣好鈕扣。不管穿什麼衣服都要注意把扣子扣好。而穿西裝外套時鈕扣的扣法最為講究。在大庭廣眾前起身站立後，外套的鈕扣應當都扣上。就座後，外套的鈕扣可以通通解開，以防西裝扭曲走樣，也使人坐得舒服自然，不然再好的西裝都有可能會被崩開的鈕扣扯壞。如果穿的是單排扣西裝外套，裡面穿了背心或羊毛衫的，站立的時候可以不扣鈕扣。通常，扣西裝外套的鈕扣時，單排有兩粒鈕扣的，只扣上邊那粒。單排三粒鈕扣的可以只扣中間的或是上中兩粒扣子，但最好別全扣會顯得有些笨拙讓人看笑話。但雙排扣西裝則要求把所有能扣的鈕扣統統扣上。但是現代潮流人士詮釋雙排扣西裝更流行把右下角的鈕扣鬆開，營造復古但時髦的感覺。

四是避免捲挽。不可以當眾隨心所欲的脫下西裝外套，也不能把衣袖挽上去或捲起西褲的褲筒，否則，都是粗俗、失禮的表現。

二、襯衫

襯衫以白色或淺色為主，這樣便於與領帶和西褲協調搭配。平時應該注意選購一些較合身的襯衫，面試前應熨平整，不能給人「皺巴巴」的感覺。千萬不要穿那種已經洗得泛白，衣領和袖口有磨破痕跡的襯衫，也不要穿嶄新的從沒下過水的襯衫。因為，襯衫太新會給人留下你刻意打扮的印象。

三、領帶

男性求職者參加面試一定要在襯衫外打領帶，領帶以真絲質地的為好，應保持清潔無一絲折痕。花點時間好好打領帶，打一個結堅而挺，而且兩邊平衡的領帶。另外。領帶的顏色是否與整體服裝協調也很重要。一般在領帶花色的選擇上，還是以保守沉穩的圖案較好搭配西裝。

如斜紋、小圓點、規則的小圖形都是很不錯的選擇。基本上，由於領帶的位置正好就在臉部的正下方，所以顏色切忌太過突兀，要以能襯托臉部膚色的款式為佳。若是西裝、襯衫及領帶三者都是單色，若為白襯衫，則領帶和西裝最好挑選對比色；若不是穿白襯衫，則三者中必須有兩者是同色系。若西裝、襯衫及領帶三者中，有兩個是單色，其中有一個是花紋或是圖案時，則花紋或圖案的顏色必須是身上出現的兩個單色中其中一個顏色。當西裝、襯衫有兩種花紋或是圖案時，必須先區分出圖案的強弱及圖案的方向走勢。若穿著直條紋西裝或是襯衫時，則應避免使用直、橫條紋的領帶，不妨用斜紋、圓點或草履蟲之類無方向性的領帶為佳。

四、鞋

不要以為鞋子越貴越好，而是要以舒適大方為度。皮鞋以黑色為宜，而且面試前一天要擦乾淨。鞋跟要結實，破舊的鞋跟會使人顯得萎靡。綁帶的皮鞋一定要檢查鞋帶是否乾淨、是否繫緊了。鬆或未繫的鞋帶不僅影響你的整體形象甚至還有可能在面試中將你絆倒。另外，切勿把黑鞋與棕色西裝搭配，這是一種錯誤的搭配。如果有鞋掌，最好不選擇塑膠、金屬材質的，否則它會使你的腳步聲如同馬蹄聲，印象很不好。

五、襪子

襪子的顏色也有講究，穿西裝時襪子必須是深灰色、藍色、黑色等深色，這樣在任何場合都不失禮。襪子不應過短，以免抬腿時露出小腿。因為，男人小腿一但顯露很難讓人產生

「美感」。

【謀職攻略】

職場競爭激烈，應徵面試，衣著裝扮不容馬虎。穿上合宜的「面試裝」，可讓自己在應對進退之間更有信心。

嚴格遵守面試時間，千萬別遲到

守時是現代交際中彼此尊重的一個重要體現，是一個社會人需要遵守的最起碼的禮儀之一。在面試的過程中，最忌諱的事情當中就有不守時這一條。求職者不守時，不但會表現出求職者沒有時間觀念和責任感，更會讓面試官覺得你對這份工作沒有熱忱，從而對你的第一印象大打折扣。

有專家統計，求職面試遲到者獲得錄用的機率只有不遲到者的一半。可見，守時這一禮儀在面試中的重要性。

某投資公司想物色一名候選人替換在位的總經理。因為理想人選難找，加上不便公開招募，該公司的負責人避開公司人力資源部，直接前往總部尋找合適的人才，對候選人的要求非常高，但作為回報，其薪水自然不低，年薪達一百多萬元。

在詳細了解職位需求後，獵頭業務負責人終於敲定了「一號」候選人。面試約定的時間是下午三時，結果對方晚到半個多小時。「一號」當天的解釋是「塞車」。

「一號」候選人將資料給了該公司負責人後，該負責人覺得很滿意，又與「一號」約定隔天進行最後面試，出乎意料的是，這名候選人又遲到了，比約定時間晚了四十分鐘，這次的解釋同樣是塞車！

兩次相約，兩次都遲到。不守時的「一號」最終與高薪無緣。

尚斌大學畢業後，到一家外資企業應徵。初試是筆試，筆試的題目是全英文的，尚斌憑著自己良好的英語水準和專業知識，很快答完了考題，展現了自己的能力。當天，公司人事主管便通知他次日參加面試，經過半個小時的交流後，人事主管對尚斌的印象特別好，不僅學習成績好，表達能力也很強。尚斌也了解到，他應徵的職位，基本薪水三萬元，每個季度還有績效獎金，公司不僅繳納各項保險，還補貼食宿交通，這讓他很興奮。

每個新員工入職前，外籍總經理都會親自見一面，雖說是最後一關面試，其實就是在工作上提一些要求，說些鼓勵的話。然而這個形式上的面試，尚斌卻遲到了，約好的是上午九點見面，但尚斌到的時候已經是九點半了。總經理在八點五十分就到了會議室，等到九點十五分離開了，臨走時讓人事主管通知尚斌不用過來了，雖然尚斌接到電話後，還是堅持趕了過來，可是為時已晚，總經理的態度很堅決。

上面兩個事例中的求職者皆因為不守時與幾乎到手的工作失之交臂。可見，對於一個求職者來說，有一個良好的時間觀念是多麼的重要啊！

合理的安排時間，是面試成功的重要保證。如果時間安排不當，在面試的時候遲到了，不僅給面試官留下不好的印象，還會因為時間緊張，沒有足夠的調適時間，無形中造成了緊張的氣氛，嚴重影響了自己的發揮。很可能就因為遲到的這短短幾分鐘，就讓你與一份工作擦肩而過。

守時是對求職者的一個基本要求，提前十到十五分鐘到達面試地點的效果最佳，可熟悉一下環境，穩定一下心神。提前半小時以上到達也會被視為沒有時間觀念，但在面試時遲到或是匆匆忙忙趕到卻是致命的，如果你面試遲到，那麼不管你有什麼理由，都會被視為缺乏自我管理和約束能力，即缺乏職業能力，將給面試官留下非常不好的印象。不管什麼理由，遲到會影響自身的形象，這是一個對人與對自己的尊重問題。而且大公司的面試往往一次要安排很多人，遲到了幾分鐘，就很可能永遠與這家公司失之交臂了，因為這只是面試的第一道題，你的分數就被扣掉了，後面的你也會因狀態不佳而搞砸。

如果路程較遠，寧可早到三十分鐘，甚至一個小時。在大城市裡路上塞車的情形很普遍，對於不熟悉的地方也難免迷路。但早到後不宜提早進入約定的公司，最好不要提前十分鐘以上出現在面談地點，否則面試官很可能會因為手頭的事情沒處理完而覺得很不方便。外企的老闆往往是說幾點就是幾點，一般絕不提前。當然，如果事先通知了許多人來面試，早到者可提早面試或是先在空閒的會議室等候，那就另當別論。對於面試地點比較遠，地理位置也比較複雜的，不妨先跑一趟熟悉交通線路、地形、甚至事先弄清楚洗手間的位置，這樣你就知道面試的具體地點，同時也了解路上所需的時間。

作為最基本的面試禮儀，守時的非常重要的，所以，求職者不要找任何理由為自己開脫，請記住德國哲學家康德的名言：「守時就是最大的禮貌。」

【謀職攻略】

面試時，求職者千萬不能遲到，而且最好能夠提前十分鐘到達面試地點，以有充分的時間調整好自己緊張的情緒，也表示出求職的誠意。

寫一封感謝信，為你的面試加分

面試結束後，大部分求職者都覺得面試結束了，等候公司的通知就行了。其實，面試後還有許多工作要做，寫面試後的感謝信就是必須要做的工作。面試感謝信是對面試官的尊重與禮貌，可以加深面試官對你的良好印象。

剛出校門的吳迪，與其他求職者一樣，在網路上投了大量的履歷，皇天不負有心人，幾天後一家外資公司通知他去面試。該公司的總經理是一位非常紳士的英國人，名叫詹姆士。吳迪剛見到他時，就感到非常親切，緊繃的神經馬上放鬆下來。詹姆士與吳迪交談了一段時間後，開心的遞給吳迪一張名片，吳迪見狀連忙站起身來，畢恭畢敬的接起了名片。此時，面試才剛剛開始，詹姆士向吳迪提出了許多問題，吳迪從容的應答著，由於先前的聊天得到了放鬆，吳迪把該公司未來的發展方向分析得很透徹，得體的言辭、實事求是的分析總結、毫無畏懼的神情，無一不給詹姆士留下了深刻的印象。

面試結束後，吳迪與其他求職者一樣，回家等待通知。等待的日子對求職者來說並不好過，每一分一秒都顯得那麼漫長。吳迪整天寸步不離的守著手機，擔心錯過了電話通知。可是，事實似乎並不像他想像的那樣，兩個星期過去了，該企業仍然沒有給他打電話，吳迪知道這次面試又失敗了，儘管自己表現得很好，但依然沒有得到徵才公司的認可。於是，他準備繼續找工作，他無聊的翻閱著報紙上的徵才廣告，尋找下一個面試機會，他翻閱了許多徵才資訊，都不太滿意。這時，吳迪突然覺得，先前的努力不能白費，於是他拿起紙筆，給詹姆士寫了一封感謝信。並按照名片上的地址將信寄了出去。不料，信寄出的第四天，吳迪就接到了該公司的電話，通知他被錄用了。吳迪高興得幾乎跳了起來，沒想到一封感謝信竟然能發揮如此大的作用。

上班後，吳迪再次見到詹姆士先生，他彬彬有禮的問：「您決定錄用我是因為那封感謝信嗎？」

詹姆士笑著說：「是的，在我們國家有一個慣例：面試過後，要給徵才公司寫一封感謝信，雖然這並不能考驗出一個求職者的能力，但至少可以說明他是個有禮貌的人。這會讓我有一種被尊重的感覺。當然，這是臺灣，但我想無論在哪個國度裡，都應該講究禮儀。所以，我希望用這種方式考驗一下求職者的素養。可惜，在七十多名求職者中，你是唯一一位給我寫感謝信的人，因此，我決定錄用你。」

對於求職者來說，面試後向招聘人員表示感謝，會增加求職成功的機率，不僅能加深徵才公司對求職者的印象，還能體現求職者對公司的渴望。

一家日商公司的公關部招聘一位職員，許多人參加了角逐。公司的面試和筆試都十分繁瑣，一輪輪淘汰下來，最後只剩下五個人。

五個人個個都優秀，都擁有較好的外表和學識，都畢業於名牌大學。

公司通知五個人，聘用哪位還得由日方經理層會議討論後才能決定。於是五個人安心的回家，等待公司最後的決定。

幾天後，其中一位的電子郵箱裡收到一封信，信是公司人事部發來的，內容是：「經過公司研究決定，妳落選了，但是我們欣賞妳的學識、氣質，因為名額有限，實是割愛之舉。公司以後若有徵才名額，必會優先通知妳。妳所提交的資料公司存檔後，不日將郵寄返還於妳。另外，為感謝妳對本公司的信任，隨函附上本公司產品的優惠券一份。祝妳開心。」

她在收到電子郵件的一刻，知道自己落選了，十分傷心。但又為外資公司的誠意所感動，兩天後，她收到了寄給她的資料和一份優惠券。

她十分感動，順手花了三分鐘時間用電子郵件給那家公司發了一封簡短的感謝信。

但兩個星期後，她收到那家日商公司的電話，說經過日方經理層會議討論，她已被正式錄用為該公司職員。

後來，她才明白，這是公司最後的一道考題。公司給其他四個人也發了同樣的電子郵件，也寄送了優惠券，但是回信感謝的只有她一個。她能勝出，只不過因為多花了三分鐘時間去表達感謝。

可見，及時給面試官或者面試企業寫一封感謝信，表達你的謝意，這不僅是一個現代人應有的禮貌，而且還會給對方留下一個良好的印象，增加你順利「過關」的籌碼。

通常，面試感謝信有電子郵件和書面信件兩種。如果平時是透過電子郵件的方式與招聘公司取得聯繫的話，那在面試結束後，適合發一封電子感謝信。如果你面試的公司非常傳統，或者你並不知道這個公司的電子郵箱，那最好還是選擇書面感謝信的形式。

一個標準的感謝信的開頭應提及你的姓名及簡單介紹。然後提及面試時間，並對面試人員表示感謝。正文部分要重申你對該公司、該職位的興趣，重申希望在該公司工作的原因和熱忱，以及自信你能夠勝任。對該公司企業文化表示喜愛是感謝信的關鍵字，不光強調你的技術水準，還要強調你的工作方式和該公司是很相融的，以及你面試中的感受和收穫。

另外，值得注意的是，感謝信一定要在面試當天或接下來的一兩天內寫好並發送過去。因為主面試官的記憶是短暫的。感謝信是你最後的機會，它能使你顯得與其他想得到這個工作的人不一樣。因為應徵並不是到面試結束就終止的。如果你對自己面試時的表現不夠滿意，記住，抓住面試後寄感謝信的機會，也許可以扭轉乾坤。所以面試感謝信是成功的妙招之一！

【謀職攻略】

面試過後，真誠的表達謝意是十分必要的，一方面表示你的禮貌，另一方面也可以加深徵才者對你的印象。同時也可以強調你對這份工作的興趣，另外，還可以補充一些你在面試時遺漏的事實。

第六章　學會推銷自己，面試就是一場博弈

面試是一門自我推銷的藝術。在求職面試的過程中，學會正確的推銷自己是很重要的。所謂在求職時推銷自己，就是向徵才公司介紹自己，實際上就是在介紹自己的能力。這種自我推銷當中大有文章。如果不會推銷自己，即使你有很好的個人能力也很難被錄用；而懂得推銷自己，即使你個人能力並不強也會順利的被錄用。

適當的暴露一下缺點，更容易讓人接受你

在面試的過程中，人們總想把最好的一面展現給面試官，即使有不足和缺點，也本能的隱藏著，生怕被面試官知道，彷彿要是有人知道他過去的「污點」，他的光輝形象就會大打折扣似的。這是完美主義在作怪。其實，在適當的時候，偶爾暴露一下缺點，會讓你在面試中更自信、更勝一籌，更能贏得招聘者的信任。

美國著名的心理學家做過這樣一個實驗：要求四名前來求職的人，要一邊做自我介紹，一邊用小型的煮爐煮牛奶，再將四人的自我介紹分別錄音。

第一位求職者聲稱自己的學習成績優秀，而且有出色的社交能力。他在報告最後特意提到牛奶煮得很好。

第二位求職者的報告內容與第一個人相差無幾，但他在報告的最後說，他不小心碰翻了鍋子，牛奶也煮糊了。

第三位的情況和前面兩位不同。他說自己的學業很糟糕，而且社交能力不怎麼樣，但他的牛奶煮得相當棒。

第四位的自我報告和第三位相似，而牛奶也煮得很差勁。

心理學家認為，所有求職者都可以歸納成上述四類人之一，第一類人：十分完美，毫無

欠缺；第二類人：非常完美，略有欠缺；第三類人：尚有優點，有小長處；第四類人：毫無長處。

表面上看，第一類人很優秀，企業的發展需要這類人才；但事實上，第二類人卻比較受企業老闆的歡迎。因為人畢竟還是現實的，都會有或大或小的毛病，不可能做到面面俱到，才能出眾但偶犯一點點小差錯的人，通常是最受歡迎的。

秦禾任和陳華是一對要好的同學，畢業後，兩人一起到某企業應徵。主面試官要求他們在一個星期內翻譯一本日文資料。秦禾任的日文基礎比較好，只用了三天時間，就把資料翻譯完了，但是他並不滿意自己的翻譯成果，他主動找到學校的一位日文教授，並請他幫忙修改，然後將資料交到了主面試官手裡。而陳華的日文基礎比較差，

他用一個星期的時間才把資料翻譯完，而且沒有請任何人幫忙，就這樣「原汁原味」的把資料交了上去。主面試官看完兩人交上來的資料後，認為秦禾任翻譯的資料幾乎挑不出錯誤，但是太過於完美了，令人產生懷疑；陳華翻譯的資料雖然能挑出許多錯誤，但是卻反映出了「真實」二字。結果，陳華接到了該公司的錄用通知書，而秦禾任卻被淘汰了。

完美是一種高深的境界，可以說每個人都在追求著完美，但是物極必反，太過於完美的東西，往往令人產生懷疑。在求職徵才中，太過完美的東西，往往會令主面試官產生兩種想法：一是誤認為你華而不實，企圖用欺騙的手段蒙混過關；二是主面試官會認為你才華過人，並非

池中之物，有朝一日會跳槽或者自立門戶。因此，就出現了因表現太過完美而找不到工作的反常現象。所以，當你在謀職推薦自己時，如果表現得過於完美，那麼只會引起面試官的不信任，甚至遭到排斥。而一旦面試官從心裡對你產生懷疑，那麼你的面試也就會斷然受到阻礙。

然而在面試的過程中，很多人都有掩飾自身弱點的習慣，他們總認為這樣就能在招聘者面前展現最完美的自己，而結果卻往往適得其反。其實，當你在向面試官作自我介紹的時候，對方就是想了解你的真相，而一旦你所說的和對方所了解的相反，那麼必然會引起對方的質疑，給對方不踏實的感覺。所以，與其把自己誇得天花亂墜，不如恰如其分的自揭其短，拉近與面試官之間的距離。比如，有一位大學剛剛畢業的學生在向徵才公司負責人介紹自身的情況時首先就說：「由於我平時喜歡打球，所以我的成績並不怎麼好……」結果，有些成績比他好的求職者未被錄用，而他卻被錄用了。還有一個前去應徵建築設計的人，這樣自我暴露缺點：「我對建築設計工作非常熱愛，業務也很熟，但我個子矮了一些，還有點胖。」注意，此時，他說的缺點都和應徵職務無關，而且即使你不說，面試官也能看出你胖，個子矮。個子矮、胖等缺點經過你的主動暴露後，反而會成為「優點」，面試官會認為你很誠實，比一味自我表揚的人，勝算的機率更大。

王傳芳是某大學的一名教授，她在安逸的象牙塔中享受著優厚的待遇，過著舒心的日子。一次，學校裡評選高級教授，憑王傳芳的資歷，獲得這項榮譽本是理所應當的。可是，事實卻出人意料，由於某些特殊原因，王傳芳落選了。因為心理不平衡，她決定辭掉學校的工作，到企業中去應徵。

王傳芳在人力銀行中尋覓了很長時間，一次，她參加了一個廣告公司的招聘會，當主面試官問她「為什麼放棄大學教授工作，選擇到企業上班」時，王傳芳坦誠的說：「我與老公的收入差距較大，為了能讓家庭生活富裕一些，我選擇到企業工作。」主面試官繼續問道：「妳可曾有過失敗經歷？」王傳芳把評選高級教授失敗的經歷，坦誠的向主面試官敘述了一遍。

雖然她並不確定自己的應徵方式是否正確，也沒有十分的把握獲得應徵職位，更不知道主面試官聽到她真誠的表述，會給予什麼樣的評價。但她是一個誠實的人，她不想把自己的經歷美化得令人羨慕不已，也不想用虛假的東西掩蓋曾經的失敗，她希望用真實的經歷獲得一份工作。

主面試官被王傳芳的真誠感動了，雖然王傳芳沒有在企業工作的經驗，但她那良好的心態與高尚的人格魅力，令主面試官十分敬佩。結果，一場嚴肅的應徵卻以洽談的形式結束了。王傳芳順利的獲得了該公司部門經理的職位。

在常人看來，王傳芳的這種做法是愚蠢的、不理智的，在面試官面前大膽講述自己的失敗，等於是往「槍口」上撞。可是，王傳芳的面試結果卻出乎意料，主面試官不但沒有因為她的坦誠、直白而不悅，反而非常欣賞她那誠實的品性，對她毫不掩蓋曾經的失敗而表示讚嘆。

可以說，她的這種求職方式非常冒險。當主面試官問及此類事情時，其他應徵者都試圖掩蓋自己曾經的失敗經歷，希望用成功的案例美化個人形象，而王傳芳的做法，卻與其他人形成了鮮明的對比，至於她的應徵方式是對還是錯，面試結果就是一個很好的說明。

曾經有人說：「缺點與不足是奮鬥的理由。」這句話說得非常有道理，求職者應該明白這一點。企業用人並非只看應徵者的優點，還要審視其缺點，將優點與缺點進行權衡以後，才能判定該應徵者是否適合公司需求，能擔任哪項工作。應徵者還應該明白一個道理，在追求完美的過程中，會暴露出許多缺陷，而這些缺陷是真實存在的，不能用任何東西加以掩蓋。如果為了追求完美而讓主面試官發現自己身上的缺陷，那將是一件令人羞愧的事。與其這麼做，還不如把真實的自己展現在主面試官面前。

俗話說：「金無足赤，人無完人。」把自己說得過於完美，反而會引起面試官的不信任。倒不如坦率的承認自己的弱點，讓招聘者更加全面的了解自己，這樣他會覺得你比較真誠可信。

有一位平時在校表現並不出眾，也沒有多少特長的大學生到一家徵才公司參加求職面試，前來參加面試的人很多，競爭也異常激烈。但與眾不同的是，他在自己的求職履歷中，不僅列舉了自己優點和在校期間獲得的一些榮譽及獎勵，還自揭其短，把個人存在的諸如做事缺乏必要的耐心、性格有些急躁以及喜歡墨守成規、不善於與人溝通交往等缺點，明明白白地寫在履歷上。

負責面試的公司人事部經理看了這份與眾不同的求職履歷，問這個大學生：「你為什麼把自己的缺點都不加掩飾的寫在履歷上，難道你就不怕徵才公司知道了你的短處而拒絕聘用你嗎？」這位大學生非常坦然而真誠的回答：「人無完人，金無足赤，人都是有缺點的，正如明亮的太陽之中還有黑子一樣。我覺得，讓徵才公司知道自己的缺點甚至比知道優點更重要，而且只有把自己的缺點說出來，才能有決心和勇氣去改掉！」

聽了他簡潔坦率的回答，人事部經理高興的對他說：「祝賀你，年輕人，我們就需要你這樣的人才，你被我們公司錄取了！」就這樣，一個勇於說出自己缺點的他，靠真誠戰勝了其他競爭對手，脫穎而出，找到了一份稱心如意的工作。

可見，適當的暴露一下個人的短處，不失為謀職的一個好辦法。所以，即使你是十分出色的人才，在謀職時，也大可不必去掩飾個人的一些小毛病，有意無意的暴露一些缺點，更使人覺得真誠，更容易讓人接受。

【謀職攻略】

完美會讓你與面試官產生距離感，適當的暴露一下你的小缺點，能夠更好的贏得面試官的青睞。

說好開場白，引起面試官的興趣

俗話有云：「好的開始是成功的一半。」如何在面試的時候打響第一炮，給企業留下良好的印象，它直接關係到我們與企業能否成功的建立雇用關係，從而得到自己稱心的工作。為此，開場白很重要，它有可能決定整個面試的基調。所謂「三分鐘定終身」，說得即是你給面試官的第一印象。

有個女孩，想離開原公司到某影音部門去工作，她事先也沒想想自己該怎樣去這間公司找工作，更沒想過該怎樣介紹自己。有一天，這個女孩貿然去了這間公司找負責人。負責人接待她時，她一開口就說：「我想到你們公司工作，你們用不用我？」說完就坐在椅子上擺弄衣角，也不抬頭看看接待她的負責人。那位負責人回答說「我們沒有缺人」，這位女孩站起身來什麼話也沒說就要走，其實這個公司正在招聘一個錄音師，恰巧這時這位女孩的一位老同學來這裡辦事，碰上她正往外走，聽說她來找工作而人家不用她，這位同學便主動向這間公司的負責人說：「我這個同學太靦腆，見到生人說不出話來，我很了解她，我給你們介紹一下她這個人，依我看她來你們這兒工作挺合適的。」後來這間公司果真錄用了她。

面試是一個交際的過程，要想與主面試官輕鬆、順利的交談下去，就必須掌握一定的說話技巧，說好開場白就是眾多技巧中的一個。

周立陽大學畢業以後，到一家外資企業應徵董事長助理的職位。他懷著試一試的心理，參加了面試。在接待室裡，他看到其他求職者都風度翩翩、氣宇不凡，有的還能講一口流利的法語，周立陽頓時覺得希望渺茫。但是，好強的性格不允許他就此退縮，他想：反正都來了，就試一試吧！

首輪面試，人事部經理要求周立陽用法語進行自我介紹。這一個測試對周立陽來講並不是很困難的事情，十分鐘後，周立陽順利的通過了第一場面試。負責第二場面試的是該公司的總經理，周立陽進門後，總經理並沒有出什麼刁鑽的問題，只是讓他用中文談談對所應徵職位的看法。周立陽用唯妙唯肖的描述、豐富精采的言談，深深打動了總經理，因此，他順利的通過了第二關面試。

關鍵時刻終於來臨了，最後這一關，主面試官是該公司董事長。不一會兒，他被叫進董事長辦公室。剛進門，周立陽的視線就被董事長辦公桌上的一盆花吸引住了，這是一簇橘黃色的非洲菊，插在玻璃花瓶中，散發出一絲法國情調的浪漫氣息。周立陽不由自主的脫口而出：「好美的花啊！好溫馨的工作氛圍。」董事長面帶微笑的對他說：「你好，年輕人，請坐。」周立陽頓時覺得有些不好意思，因為他只顧欣賞花，卻忘記了與董事長打招呼。董事長似乎看出了周立陽的心思，對他說：「沒關係，年輕人，看得出來你也喜歡這種花。」周立陽堅定的點點頭，說：「是的，我非常喜歡，它叫非洲菊，通常白色的較多，這種橘黃色的卻是很少見。」董事長顯然對周立陽產生了好感，他對周立陽說：「我很喜歡這種顏色，因為它與我頭髮的顏色很相像。在辦公室裡擺放這樣一盆花，能渲染出浪漫的氣息，正好符合我們法國人追求浪漫的特點。」說完，董事長自豪的笑了笑。

接下來的談話顯然輕鬆了許多，周立陽講述了自己以前的工作經歷，包括對職位、職責的理解。董事長也為他介紹了該公司的歷史背景、規模、工作範圍以及薪水待遇等問題。當雙方談到東西方文化區別時，周立陽說：「我認為，美國人總是精神激昂，富有信心和勇氣；而歐洲人則顯得非常紳士，含蓄且彬彬有禮。」董事長聽後哈哈大笑起來，並對周立陽的話表示贊同。

面試持續了一個多小時，兩人在熱烈的談話氛圍中握手道別了。兩天後，周立陽接到了該公司董事長的電話，通知他次日到公司報到。

由此可見，良好的開場白能拉近求職者和面試官之間的距離，渲染談話氣氛，為進一步的交談奠定基礎。每一位求職者，在面試前都應準備一份能給面試官留下深刻印象的開場白，這對獲得應徵職位有很大好處。

【謀職攻略】

面試的過程中，精彩的開場白會讓人眼前一亮，它會影響到面試官對你的態度。

展現自信，贏得面試官的青睞

自信是面試成功的關鍵，自信是人看待事物的主觀表現。在我們踏上社會時，面試是一條必經之路。面試是檢驗求職者的一道門檻。那麼，要怎麼才能面試成功呢？這就需要我們對面試充滿自信以及對自己充滿自信。

小澤征爾是世界著名的交響樂指揮家。在一次世界優秀指揮家大賽的決賽中，他按照評委會給的樂譜指揮演奏，但他敏銳的發現了不和諧的聲音。起初，他以為是樂隊演奏出了錯誤，就停下來重新演奏，但還是不對。他覺得是樂譜有問題。這時，在場的作曲家和評委會的權威人士都堅持說樂譜絕對沒有問題，是他錯了。面對一大批音樂大師和權威人士，他思考再三，最後斬釘截鐵的大聲說：「不！一定是樂譜錯了！」話音剛落，評委席上的評委們立即站起來，報以熱烈的掌聲，祝賀他在大賽奪魁。

原來，這是評委們精心設計的「圈套」，以此來檢驗指揮家在發現樂譜錯誤並遭到權威人士「否定」的情況下，能否堅持自己的正確主張。前兩位參加決賽的指揮家雖然也發現了錯誤，但終因決定附和權威們的意見而被淘汰。小澤征爾卻因充滿自信而摘取了世界指揮家大賽的桂冠。

由此可見，信心是決定你求職成功的重要因素。在面試中，面試官最看重求職者的自信和穩重，如果一個人自己都不能相信自己的能力，那又怎能讓其他人信任呢！

某大學畢業生陳國旭，專業是醫藥貿易，要去面試一個外國企業。在面試這天，他特意仔細裝扮一番，以給自己增加自信。在面試時，前面坐了一排看似威嚴的人士，簇擁著老闆模樣的人坐在會場中間位，原來是外資老闆親自監督面試。一看到這個架勢，國旭不由得緊張起來，心跳加速。只好在心裡開始默念著：要謙遜。

而主面試官的第一個問題就把國旭難住了。「我們招的是博碩士，你是大學畢業，怎麼也來我們這裡應徵這個職位呢？」國旭支支吾吾的回答：「我看過你們公司的簡章，感覺你們公司的經營模式很好，也很適合我的專業。」「我們公司好在哪裡？這裡的工作量很大，壓力也很大，平時還有可能經常加班，你能適應嗎？試用期的基本薪水只有兩萬四千元，其他的福利一概沒有，你能接受嗎？」國旭說他自己都不知道自己是如何回答以後的問題的。

在面試完之後，主面試官面帶微笑的告訴國旭：「你的條件很好，專業也適合我們的工作，但我希望你在以後的面試中要自信一點……」

從這裡可以看出來，在面試中一定要自信，即使能力不足時也要自信一點，因為自信才可以向徵才公司傳遞出積極的態度，自信的求職者獲取職務的機會總是比較多的。

有一位留學生在美國求職的經歷，是很能發人省思的。這位留學生是學經濟學的，他想以半工半讀的方式完成學業。於是他到一家紡織公司求職。業務主管在了解了他的相關情況和履歷後，向他提出了一個和他要從事的工作無關的小問題：你會使用縫紉機嗎？這位留學生誠實的告訴業務主管，說自己不會用，於是作為主面試官的業務主管婉言拒絕了他。

這位面試敗北的留學生又到另一家食品公司求職，這家公司經理也同樣的向他提出類似的問題。「我不會，因為我是學經濟的，我只能做與企業管理有關的工作。」他進一步用類似方法推銷自己。但食品公司的經理不再說什麼了，他又一次失去機會。

後來，他遇到一位在美國工作時間比較長的朋友，他向這位朋友講述了前兩次求職的經過，這位朋友笑過以後告訴他：「人家提這樣的問題，並不一定是真讓你做這項工作，只是考驗你，看你是否有自信心，況且學縫紉機並不難，你也可以邊做邊學。下次人家如果再問你這樣的問題，你若認為他所提出的工作經過努力，就能夠做好，你就應該勇敢的回答：我能學會！」

果然，他按照這位朋友說的去做，在第三次求職取得了成功。

由此可見，強烈的自信心是面試成功的保障。有調查表明，缺乏自信是影響求職者成功的重要障礙。缺乏自信的求職者往往行為退縮，容易從眾，面對機會也無法積極爭取，嚴重影響了求職成功。所以求職過程中需要調整心態，樹立信心。

某廣告公司欲招聘一名文案策劃人員，當得知招聘消息後，艾靜便前往參加面試。

面試過程中，主面試官問她：「有相關工作經驗嗎？」

艾靜搖搖頭說：「沒有，我之前是一名新聞記者，對廣告策劃這一行業不是十分了解。」

主面試官繼續說：「我們的徵才要求是必須有兩年以上工作經驗，既然妳沒做過，我們將不考慮選擇妳，對此我們感到非常抱歉，希望日後能有合作的機會。」

艾靜聽到主面試官的話，站起身來，禮貌的說了一聲：「再見。」當她走到門口時，突然轉過身，對主面試官堅定的說：「我有信心能將這份工作做好，儘管我沒有工作經驗，但我有深厚的文字功底，雖然我從未涉及過廣告這一行業，但我相信自己的能力，我一定可以把工作做好，希望貴公司能給我一次機會。」

面試官見艾靜如此堅決，便給了她出了一個考題，讓她去做一個專案，艾靜接到任務後，將公司以前的成功案例借來細細揣摩，直到心中有數後才著手去做。為了設計出一份令面試官滿意的文案，艾靜費了不少心思，她一邊揣摩老闆的想法，一邊調動大腦中的靈感，力求把文案做得完美無缺。她希望透過這份作品，能讓面試官相信自己有能力擔任此項工作。次日，艾靜拿著完成的任務，來到主面試官辦公室，非常自信的對面試官說：「我相信自己能做好這份工作。」

主面試官仔細的看完艾靜的文案後，只改動了其中幾個字就將文案收了起來。他說：「我相信妳會成為一位非常優秀的文案策劃人員，恭喜妳被錄用了。」艾靜高興的握著面試官的手，連說：「謝謝。」面試官眯起眼睛，笑呵呵的說：「怎麼能謝我呢？是妳的自信為妳贏得了機會，應該感謝自信才是啊！」說完，開懷大笑起來。

艾靜是個充滿自信的、有衝勁的女孩，儘管她沒有做過廣告文案策劃工作，但她敢於挑戰困難，她讓面試官感受到了她的自信與勇敢，正因為這樣，艾靜得到了一份很好的工作。

在任何時候，能否擁有堅定的自信，都會對一個人的成功產生重要影響。求職者要想取得面試的成功，就必須充分展現自己堅定的自信。

這個世界在飛速的變化，求職者的整體素養在提高，徵才職位所要求的素養和技能也在不斷的提高，要想在競爭越來越激烈的時代，謀求自己心儀已久的工作，除了你的專業技能之外，更重要的是求職者必須非常自信，只有自信才能說服別人，雇主也才能給予你一個好的工作機會。

一九四九年，一位二十四歲的年輕人充滿自信的走進了美國通用汽車公司，應徵做會計的工作。這位年輕人來通用汽車應徵只是因為父親告訴他，通用汽車公司是一家經營良好的公司，同時，父親建議他可以去試看看。於是，這位年輕人就來了。

在面試的時候，這位年輕人的自信給面試他的面試官留下了深刻的印象。當時，通用公司只有一個會計的名額，面試官告訴這個年輕人，競爭這個職位的人非常多，而且，對於一個新手來說，可能很難立即勝任這個職位的工作。但是，這個年輕人根本沒有認為這是一個困難，相反的，他認為自己完全可以勝任這個職位，他說自己來應徵的目的就是想成為通用汽車公司董事長。

正是由於年輕人擁有無比的自信，他被錄用了！錄用這位年輕人的面試官這樣對祕書說：「我剛剛雇用了一個想成為通用汽車公司董事長的人！」

這位年輕人就是羅傑．史密斯，一九八一年一月，出任通用汽車公司的董事長。

只要你有自信，在氣場上壓倒別人，你得到這份工作的機率就很大了。如果你自己都不相信自己，提前給自己下了不如別人的結論，那麼你展現出來的就是不如別人，自然就會和機會失之交臂。

【謀職攻略】

求職需要積極、主動的自信心。帶著自信的心態去求職，對於找工作來說特別重要！

主動展示才華，將自己推銷出去

在求職的過程中，你不僅應是一個偉大的製造商，善於生產社會最需要的產品，而且還應是一個偉大的推銷員，善於使人認識和接受自己的產品，把自己「推銷」出去。

很多人由於傳統觀念的根深蒂固，有一種極其矛盾的心態和受到難以名狀的自我否定、自我折磨的折磨。在自尊心與自卑感衝撞下，他們一方面具有強烈的表現欲，一方面又認為過分的出風頭是卑賤的行為。但在競爭激烈的今天，想做大事業，必須放棄那些不痛不癢的面子。

常言道：「勇猛的老鷹，通常都把它們尖利的爪牙露在外面。」巧妙的推薦自己，是化消極等待為積極爭取，加快自我實現的不容忽視的手段。精明的生意人，想把自己的商品推銷出去，總得先吸引顧客的注意，讓他們知道商品的價值。想要恰如其分的推銷自己，就應當學會展示自己，最大限度的表現出自己的美德，並把人生的期望值降低一點，適當的表現自己的才智，給自己一個全方面展示才能的機會。

對於一個主動的謀職者來說，一定要學會推銷自己。如果你和其他求職者一樣，只會散發履歷表，墨守陳規的做事，絕不會有什麼出人意料的結果。如果想在短期內就有好消息，你就必須另闢蹊徑，敢於登門直入，推薦自己。對於那些已經工作，並有了一定事業基礎的人來說，建立一個受大眾歡迎的形象是一種長期投資，對事業的長遠發展具有不可估量的價值。其中，採用主動引起他人關注的方法就是一種捷徑。

有位大學生趙恆齊見到某家公司的總經理，想向總經理推銷自己。但是，這位總經理經驗豐富又固執己見，根本沒有把這個剛剛畢業初出茅廬的大學生放在眼裡，沒說上幾句話，總經理就一口回絕這位大學生說：「你可以走了。」

對於趙恆齊來說，會談出現了不利的局面。但是他眉頭一皺，計上心來。他像是毫不在意似的輕聲說：「總經理的意思是，貴公司人才濟濟，足以使自己的公司在市場上立於不敗之地。縱然外面的人有天大的能耐，也不需要利用。何況是像我這樣初出茅廬的年輕人還不知道能做些什麼，如果使用我這樣的人，也許會給公司帶來麻煩，與其這樣，倒不如拒我於門外，是嗎？」趙恆齊說到這裡，有意的停頓下來，只是面帶笑容的看著總經理。

總經理一愣，開口說話了：「你能談談自己的特長和想法嗎？」

趙恆齊平靜從容的對總經理說：「對不起！剛才是我太唐突了，請原諒！不過，像我這樣的人還可以談談嗎？」

總經理緊接著說：「當然，不用客氣。」

本來，趙恆齊的學歷就不錯，準備也頗為充分，借著總經理的話，他從容不迫的說：「在學校裡所學的專業與職業能結合起來是種幸福，可現實中並不一定找到相符的工作。但人具有可塑性，只要頭腦靈活，什麼新鮮事都可以做。貴公司想要減少培訓員工的成本，希望員工一上班就能創造效益，所以我要發揮自己的特長就不是那些書本上的知識了，而是——我發表過一些文章，可以做企業宣傳；我善於交際，也可以做業務。」

總經理一邊聽，一邊讚賞的點頭，最終決定留下這位大學生。

我們之所以要主動推薦自己，引起別人的關注，主要是因為機遇是珍貴的、稀缺的、稍縱即逝的，如果你能比同樣條件的人更為主動一些，機遇就更容易被你掌握。因此，主動出擊是俘獲機遇的最佳策略。另外，這世界上總是伯樂在明處，「千里馬」在暗處，並且「千里馬」多而伯樂少。伯樂再有眼力，他的精力、智慧和時間都是有限的，等待可能會耽誤你的一生。既然我們都知道「守株待兔」的行為是愚蠢的，那麼我們就沒有必要去等待「伯樂」的出現，而是應該主動的尋找伯樂。更值得注意的一點是，時代在前進，歲月不饒人，隨著新人輩出，每個立志成才者都應考慮到自己所付出的時間成本。一次機遇的喪失，便可能導致幾個月、幾年甚至是一輩子年華的白白浪費。明白了這個道理，我們就會產生一種緊迫感，重新思考自己的處世態度，在行動上更多幾分主動，以便使更多的人來注意自己。

但是，毛遂自薦對很多人來說並不是一件簡單的事情，這是需要一定的膽識和勇氣的。不自信的人、害怕失敗的人是絕對不敢嘗試的。因此，只有具備勇氣的人才能獲得成功。

世界歌王帕華洛帝曾去中央音樂學院做訪問。許多有音樂功底和有社會背景的學生都使出渾身解數，以求得在這位歌王面前一展歌喉。要知道，這可是一個難得的機會，哪怕是得到歌王的一句肯定，也足以引起中外記者們的大肆渲染，從而讓歌壇升起一顆新星。在學院的一間教室裡，帕華洛帝正耐著性子逐個聽大家唱歌，不置可否。正在沉悶之時，窗外有一個男孩引吭高歌，唱的正是名曲《公主徹夜未眠》。聽到窗外的歌聲，帕華洛帝的眉頭舒展開了：「這個學生的聲音像我。」接著他又對校方陪同人員說：「這個學生叫什麼名字？我要見他！並收他做我的學生！」這個在窗外唱歌的男孩就是山區來的學生黑海濤。以他的資歷和背景，根本沒有機會面見到帕華洛帝，他只能憑藉著歌聲推薦自己。後來，在帕華洛帝的親自安排下，黑海濤得以順利出國深造。一九九八年，義大利舉行世界聲樂大賽，正在奧地利學習的黑海濤又寫信給帕華洛帝。於是，帕華洛帝親自給義大利總統寫信，推薦他參加音樂大賽，黑海濤才得以在那次大賽上獲得名次。黑海濤憑著他那善於推薦自己的勇氣和不斷努力的精神，在他個人的音樂道路上取得了非凡的成就，現在黑海濤已是奧地利皇家歌劇院的首席歌唱家。這似乎是一個奇蹟，但這個成功的例子也足以讓一些懷才不遇的人沉思：機遇稍縱即逝，善於推薦自己尤為關鍵。著名數學家華羅庚也曾說過：「下棋找高手，弄斧到班門。」他認為，應敢於在能人面前表現自己，敢於和高手「比試高低」。當他在鄉鎮小學裡上學時，就敢於對大數學家蘇家駒的理論提出質疑。正是他這種可貴的精神，使他能夠提早闖進數學王國的神祕殿堂。

所以，如果你真的是一個有才華有特長的人，關鍵的時候大可不必過分壓抑自己，要適時做好自我推薦，以求得發展的機遇。

【謀職攻略】

機會可遇不可求，因此在很多時候是由我們主動爭取的，那些不敢也不願意推薦自己的人，往往會讓機會與他失之交臂。

成功的自我介紹，為你敞開一扇工作之門

當面試時，求職者往往最先被問及的問題就是「請先介紹你自己。」這個問題看似簡單，但求職者一定要慎重對待，它是你突出優勢的特長，展現綜合素養的好機會。回答得好，會給

人留下良好的第一印象。

有兩位剛走出校門的大學畢業生張凡苓和楊郁汝，都是英語系的優秀學生，她們同時到一家獨資企業應徵高級祕書的職位。人事經理看了履歷以後，難以取捨。於是通知兩人面試，面試官讓她們分別做一下自我介紹。

張凡苓說：「我今年二十二歲，剛從某大學英文系畢業。臺中人。父母均是高級工程師。我愛好音樂和旅遊。性格開朗，做事一絲不苟。很希望得到貴公司的工作。」

楊郁汝介紹說：「關於我的資料在履歷上都介紹得比較詳細了，在這裡我強調兩點：我的英語口說不錯，曾利用假期在旅行社做過導遊，帶過歐美團。再者，我的文筆很好，曾在報刊上發表過六篇文章。如果您有興趣可以過目。」

最後，人事經理錄用了楊郁汝。

由此可見，自我介紹是求職者向面試官展示自己的一個重要手段，自我介紹好不好，直接關係到你的求職是否成功，因此一定要好好把握。求職者具體應注意以下幾點：

一、自我介紹要掌控好時間

一般情況下，自我介紹應該是三到五分鐘較適宜。在時間分配上，可根據情況靈活掌握。假如用五分鐘做自我介紹，一分鐘要做完個人背景介紹，包括教育經歷；最近三到五年工作介紹要占三分鐘；其餘的經歷用一分鐘。如果最近兩年沒做什麼事的話，可以把自認為自己最有價值的一段經歷介紹兩分鐘。

二、自我介紹要簡明扼要

一段短短的自我介紹，其實是為了展開更深入的面談而準備的。自我介紹的時間比較短，所以必須簡明扼要，切忌拖泥帶水，囉囉嗦嗦。自我介紹猶如商品廣告，在較短的時間裡，要針對「客戶」的需要，將自己最美好的一面毫無保留的表現出來，比如自己的特長、職業基礎和可塑性。還要準備當面試官問及你的缺點，要有心理準備，事先在心裡擬定一、二條。缺點可以適當縮小，但不能誇大，介紹時需要客觀，但不能給人是在找理由遮掩的感覺。

千萬不能多說求職信上都寫得清清楚楚的話題，主要是要補充那上面還沒有講應處的情況。

劉易淮到一外資企業應徵主管。在面試的自我介紹時，他從容不迫，侃侃而談，先講自己讀研究所時所學的課程和成績、參加過什麼社團活動、得過什麼獎；然後談起自己寫論文的情況，什麼時候曾在什麼刊物發表等等一切極盡其詳……

他洋洋灑灑，口若懸河的說著，即使面試官只是埋頭看手頭的資料，他仍然沒有在意……這樣面面俱到、重點不突出的自我介紹，雖然沒有什麼破綻，但由於沒有新意、冗長瑣碎，使得面試官對他的表達、總結等諸方面的能力不能贊同，沒有給以好評價。

自我介紹不要求多求全，要求精，在短時間內讓面試官了解自己的能力、特長，就足夠了。

三、自我介紹要有充分的信心

要想讓面試官們欣賞你，你必須明確的告訴面試官們你具有應徵職位所必需的能力與素養，而只有你對此有信心並表現出這種信心後，你才證明得了自己。

應試者在談自己的優點的一個明智的辦法是：在談到自己的優點時，保持低調。也就是輕描淡寫、語氣平靜，只談事實，別加上自己的主觀評論。同時也要注意適可而止，重要的、關鍵的特長要談，但與面試無關的特長最好別談。另外，談過自己的優點後，也要談自己的缺點，但一定要強調自己克服這些缺點的願望和努力。

需特別注意的是，不要誇大自己。一方面是從應試者的綜合素養表現，面試官多半能夠大概得估計出應試者的能力；另一方面，如果面試官再進一步追問有關問題，將令「參雜水分」的應試者下不了臺。

面試中應徵者的自我介紹，可以讓面試官觀察到履歷等書面資料以外的內容，例如你對自己的描述與概括能力，你對自己的綜合評價以及你的精神面貌等。自信、為人等是其中的重要的潛臺詞，應試者務必注意。

四、自我介紹要主題明確

在做自我介紹時，要簡單明瞭，抓住重點，突出特長。求職面試中的自我介紹宜簡不宜繁，一般包括下列基本要素：姓名、年齡、籍貫、學業情況、性格、特長、愛好、工作能力和工作經驗等等，對於這些不同的要素該詳述還是略提，應按徵才方的要求組織自我介紹資料，並圍繞著核心說話。假如求才公司對應徵的人的工作能力和工作經驗很重視，那麼，求職者就得從自己的工作能力及經驗出發做詳細的敘述，而且整個介紹都是以這個重點為中心。

這是某家工藝品總公司招聘業務員面試時的一則對話。

面試官：本公司主要是經營有地方特色或民族特色的工藝品，如景泰藍、鶯歌陶瓷、美濃紙傘等。這次徵才的對象主要是能開拓海內外業務的業務員。現在，先請你介紹自己的情況。

應試者：我叫李秀偉，一九七四年生於高雄的美濃，今年畢業於國立高雄大學，是讀市場行銷系的。我一直生活在美濃，在我讀小學時，就在放學後幫媽媽、奶奶做紙傘，先是學選竹，再學做骨架。高職的專業學習使我掌握了行銷方面的專業知識，這是我將來做好業務的資本。我的口才較好，曾參加縣立高中學校的演講比賽，得了二等獎。我這個人的特點是頭腦靈活，反應快，平常愛看報紙，對國內外的經濟發展動態很感興趣。

這位應試者對自己情況的介紹，清晰明瞭，中心突出，針對性很強。

五、自我介紹要給自己留一手

當你有足夠的資歷和能力勝任某項工作時，不要在「自我介紹」中和盤托出、暴露無遺，要給自己留一手，以免引起別人的反感，留在後面說，會給人以謙虛誠實的印象，使面試官對你格外的刮目相看。

秦禾任曾經得過全國發明獎。他跟面試官沒有提過這件事，因為他覺得目前這份工作與他的發明沒什麼關係。沒想到當談話進一步深入時，面試官無意中提起這項發明。秦禾任笑笑說：「這是我前年做的，去年和今年又參加了兩項。」面試官問：「得獎了嗎？」秦禾任說：「那有什麼值得一提的。」秦禾任也許在今年和去年都沒有得獎，但他對得獎的淡然，贏得了面試官格外的好感。面試官十分高興的錄取了秦禾任。

試想，如果秦禾任一開口講話就說自己獲得過幾次全國發明獎，面試人員也許會認為他更適合做創造發明。而且心理還會想：「這人有什麼了不起的，別拿什麼獎來嚇唬我。」你越用過去的業績來炫耀，面試官就越不買你的帳。

當你談到自己的成績時，絕不要用一板一眼的彙報方式。最輝煌的事，要神情淡漠用最輕描淡寫的口氣來說。千萬不要賣力去談你的業績是多麼輝煌，業績的得來是多麼多麼不容易，因為這一切在面試官眼中，不過小菜一碟，不值一提。你的渲染非但不能表明你的能力和堅強，反而表現出你的無能與懦弱。

六、自我介紹要留有餘地

國旭去面試一家國際旅遊公司的導遊，他自我介紹說：「我這個人喜歡旅遊，熟悉名勝古蹟，全臺灣的大城市幾乎都去過。」面試官很感興趣，就問：「你去過金門嗎?」因為面試官是金門人，很熟悉自己的家鄉。可惜國旭偏偏沒去過金門，心想若說沒去過這麼有特色的城市，剛才那句話不是吹牛嗎?於是硬著頭皮說：「去過!」面試官又問：「你住在哪家旅館?」國旭再也答不上來，只好支支吾吾的說：「那時沒有錢，只好住小旅館。」面試官又說「金門的名小吃你一定品嚐過?」國旭照樣說：「那時沒有錢，就一心看風景，沒有去吃小吃。」面試官偏偏只問關於金門的事，國旭語無倫次，東拉西扯的答非所問，結果他沒被錄取。

面試中的自我介紹既要坦誠，又要留有餘地；既要介紹自己的能力，又不要把自己弄到進退維谷的兩難境地。在自我介紹中，不要說太絕對的話：「這事沒問題!」、「我非常熟悉這項業務!」、「我保證讓部門改變面貌!」這些話常常是因為衝動而說出來的，在這些話下面沒有具體內容。如果面試官以刁難的口氣問：「那麼你談談有些什麼措施?」或者：「這項業務最新的發展趨勢是什麼?」你便會因此而張口結舌，尷尬萬分。

你要盡可能保存你的實力，因為自我介紹只是面試中的談話內容之一，在自我介紹中亂誇下海口，把自己暴露無遺，下面的話題就很難進行下去。

【謀職攻略】

面試時的自我介紹是必不可少的。透過自我介紹，面試官可以了解應徵者的大概情況，同時也在考察應徵者的口才、應變和心理承受、邏輯思維等能力，所以求職者千萬不要小看自我介紹。

亮出你的人品護照，人品是求職的最大砝碼

職場上的競爭異常激烈。求職時除了學歷文憑、工作經驗等因素之外，還有一個非常重要的砝碼，那就是人品。

某公司在南投徵人，廣告登出來後，不少人前往應試。最後一關是面試，與老闆直接交談。友睿這一天也去了，當他走進老闆的辦公室時，老闆突然驚喜的站起來，握著友睿的手，興奮的說：「想不到在這裡見到你。那一次，我陪女兒在日月潭划船，她不小心掉到水裡。你奮不顧身跳下水，把她救了起來。當時忙著救女兒、我也忘了問你的名字，世界真小，想不到在此見到你！」友睿被他這一大段激動人心的話弄糊塗了，心想，準是這老闆認錯了人。於是他堅定的說：「先生，我沒有救過人，您認錯了人吧？」但老闆仍一口咬定是友睿，而友睿依

然堅定不移的否認，口氣坦然真誠。這時老闆才笑起來，拍了一下友睿的肩膀，說「不錯不錯，你是誠實的，面試通過了。」

原來，是老闆在演心理劇、他根本沒有女兒，誠實的品德最終為友睿贏得了滿分。

可見，高尚的品德是求職成功最重要的資本，是人最核心的競爭力。具有優秀人品的人，總是會時常從內心爆發出自我積極的力量，使人們了解他、接納他、幫助他、支持他，使他的事業獲得成功，使他受到人們的尊重和敬仰。可以說，好的人品是推動一個人的人生不斷前進的動力。

兩個大學生同時去一家外資企業求職。一個是名校畢業的大學生，另一個則是當地名不見經傳學校的畢業生。企業人事部主任在聽取了求職者自我介紹並進行面試後，留下了他們的檔案並告知他們三天後再來公司聽通知。

名校畢業生躊躇滿志；另一個人則顯得底氣不足，準備另尋他處繼續求職。

三天後，他們如期而至。公司人事部主任宣布：名校大學生落選。這個結果大大的出乎兩個人的意料，尤其是那個志在必得的大學生百思不得其解。

公司總經理事後道出了緣由。原來公司在閱讀、研究和調查兩個求職者的檔案時發現，大學生在校讀書時紀律散漫，曾經因為曠課和打架受到校規處分。而那個非名校畢業生則思想品德高尚，上大二時做了系學會幹部，大三時還因為勇敢拯救落水兒童受到校長嘉獎。雖然他的學歷不如前者，但公司最後還是錄用了他。

這個例子說明：品德決定一個人求職的成敗，人品也是求職的本錢。對於求職者來說，在具備相應的工作能力的條件下，是否具有好的人品，將成為影響應徵成功的重要因素。

很多知名企業在選擇和使用人才時，都把人品定為首要因素。因為只有人品高尚的人，才能占有一定的優勢，才能獲得理想的職位。否則，很可能被其他應徵者超越，繼續在求職的浪潮中掙扎。

伊莉莎白是一家大型公司的資深人事主管，在談到拿捏員工錄用與晉升方面的尺度時，她說：「我不知道別的公司在錄用及晉升方面的標準是什麼？我只能說，我們公司很注重應徵者對金錢的態度。一旦你在金錢上有了不良的記錄，我們公司就不會雇用你。很多公司也跟我們一樣，很注重一個人的品行，並且以此作為晉升任用的標準。如果品行有污點，即使應徵者工作經驗豐富、條件優越，我們也不會聘用的。」

伊莉莎白的用人標準說明了這樣一個問題：忠誠是衡量人品的一把尺，也是職場中最應該重視的美德。因為每個企業的發展和壯大都是靠員工的忠誠來維持的，如果所有的員工對公司都不忠誠，那這個公司的結局就是破產，那些不忠誠的員工也自然會失業。

就業競爭越來越激烈，人才到處都是，想要在求職過程中打敗對手，脫穎而出，人品就是最大的籌碼。目前求職者之間的競爭已經從單純的能力較量延伸到了人品較量。而眾多人品當中，忠誠越來越受到企業的重視，甚至已成了決定性的因素，因為只有忠誠，才能成為一名稱職的工作者，才能在日後的工作中貢獻出自己的力量。

志斌到一家大型合資公司面試。志斌的工作能力無可挑剔，但是他們提出了一個令志斌很失望的問題：

「我們很歡迎你到我們公司來工作，你的能力和資歷都非常不錯。我聽說，你以前的公司開發了一個新的財務應用軟體，據說你提了很多有價值的建議。我們公司也正在策劃這方面的業務，你能否透露一些你之前公司的情況，你知道這對我們很重要，而且這也是我們為什麼看中你的一個原因。請原諒我的直白。」面試官說。

「你問我的問題令我感到失望，同樣我的回答也會使你失望的。很抱歉，我有義務忠誠於我的前公司，即使我已經離開，無論何時何地，我都必須這麼做，與獲得一份工作相比，忠誠守信對我而言更重要。」志斌說完就走了。

志斌的朋友都替他惋惜，他卻為自己所做的一切感到坦然。

沒過幾天，志斌收到了來自這家公司的一封郵件。信上寫著：「志斌，祝賀你被錄用了，不僅因為你的專業能力，更重要的還有你的忠誠。」

由此看來，企業徵才用人時不僅僅看重個人能力，更看重個人人品，而其中最為關鍵的就是忠誠度。在這個社會中，並不缺乏有能力的人，那種既有能力又忠誠度人才是每個企業所求的理想人才。人們寧願信任一個能力差一點卻足夠忠誠度人，也不願意用一個朝三暮四、視忠誠為無物的人，哪怕他能力非凡。

人品就是口碑。端正的人品是一個人獲得成長、實現個人價值的基礎；只有先學會做人才能做好事，只有具備端正人品的人，才能取信於企業，進而求職成功。

【謀職攻略】

好的人品是求職的入場卷。人品比資歷和經驗更為重要，良好的品行比傑出的才能更令人讚賞。

關注小細節，讓你從面試中脫穎而出

面試，作為應徵過程中最重要的中間環節，對於求職者有著重要意義。在面試中，對小事或細節的處理是決定面試者能否被選中的重要因素之一，但是很多面試者卻往往忽視了一些看起來不重要實則可能直接決定面試結果的重要細節。

一份小小的履歷，讓大學畢業生鴻寧栽了跟頭：上次應徵，本來很有希望的他卻敗在了細節上。參加招聘會的那天早上，鴻寧不慎打翻了水杯，將放在書桌上的履歷打溼了。為了盡快趕到會場，鴻寧只將履歷簡單吹乾了一下，便和其他東西一起，匆匆塞進背包。在招聘現場，鴻寧看中了一家房地產公司的廣告策劃主管職位。按照這家企業的要求，徵才人員將先與應徵者簡單交談，再收履歷，被收下履歷的人將得到面試機會。徵才人員問了鴻寧三個問題後，便向他要履歷。鴻寧受寵若驚的掏出履歷，這才發現，履歷上不光有一大片水漬，而且放在包裡一擠壓，再加上鑰匙等東西的刮痕，已經不成樣子了。鴻寧努力將它弄平整，遞了過去。招聘人員的眉頭皺了皺，還是收下了。那份皺巴巴的履歷夾在一疊整潔的履歷裡，顯得十分刺眼。

三天後，鴻寧參加了面試，表現非常活躍，無論是現場操作繪圖軟體，還是為虛擬的產品做口頭推銷，他都完成得不錯。身為學校戲劇社社員的他，還即興表演了一段小品，贏得了面試負責人的稱讚。當他結束面試走出辦公室時，一位負責的小姐告訴他：「你是今天面試者中最出色的一個。」

然而，面試過去一週後，鴻寧依然沒有得到回覆，他急了，忍不住打電話向那位小姐詢問情況。小姐沉默了一會，告訴他：「其實徵才負責人對你是很滿意的，但你敗在了履歷上。總經理說，一個連履歷都保管不好的人，是管理不好一個部門的。你應該知道，履歷實際上代表的是你的個人形象。將一份皺掉的履歷交出去，有失嚴謹。」鴻寧大悟。從此，鴻寧變得謹慎起來。他深切感到，決定人生成敗的，有時只是一個小細節。

看來，一個小小的失誤都足以擾亂你的求職大計。哪怕你只是犯下最微不足道的一個小錯，都會被面試官拒之門外。

一次完美的面試，細節往往決定成敗。在面試時，徵才公司往往透過一些細節來觀察應徵者的職業修養，很多人由於自己的不拘小節而慘遭淘汰。相反，也有很多求職者因為注重細節、關注不起眼的小事，因而贏得了面試官的好感，求職成功。

美國福特公司名揚國際，不僅使美國汽車產業在世界獨占鰲頭，而且改變了整個美國的國民經濟狀況，誰又能想到該奇蹟的創造者福特當初進入公司的「入場卷」竟是「撿廢紙」這個簡單的動作？

那時候福特剛從大學畢業，他到一家汽車公司應徵，一起應徵的幾個人學歷都比他高，在其他人面試時，福特感到沒有希望了。當他敲門走進董事長辦公室時，發現門口的地上有一張紙，很自然的彎腰把它撿了起來，看了看，原來是一張廢紙，就順手把它扔進了垃圾桶。董事長對這一切都看在眼裡。福特剛說了一句話：「我是來應徵的福特」。董事長就發出了邀請：「很好，很好，福特先生，你已經被我們錄用了。」這個讓福特感到訝異的決定，實際上源於他那個不經意的動作。從此以後，福特開始了他的輝煌之路，直到將公司改名，讓福特汽車聞名於全世界。

在求職的過程中，求職者不要忽略一些不起眼的小事或細節，有時正是這些小事或細節，決定著你求職的成敗。即使是一個微不足道的動作，或許就會為你迎來求職的成功。

張陽姍大學畢業，應徵的第一家公司是一家化妝品公司。那時，公司只徵客服助理一人。複試時，張陽姍特意找了一件整潔的衣服穿上，「穿衣問題雖是小事，卻體現了對他人的尊重」。她還特地提前半小時到達，「守約不是大事，卻能給人嚴謹的好印象」。複試由總經理親自主持，是一對一的交談，張陽姍剛開始也很緊張，因為跟和她一起前來應徵的同學們相比她的優勢並不是特別突出。當主面試官要求她「介紹一下妳自己有什麼特點」時，張陽姍冷靜下來。她拿實例回答面試官：「大三下學期，一邊準備雅思英語測驗和期末考試，一邊每天抽兩小時到社團打工，由於合理安排工作和學習時間，在完成工作的同時，雅思和期末考也順利考過。面試完畢時，她把椅子輕輕搬回原位。這時，主持面試的總經理臉上產生了微妙的變化，並熱情的和她說再見。因為這個細節，她成為唯一被錄用的應屆畢業生。經理後來告訴她，面試時，面試官都會觀察應徵者是否遲到。那天她不但沒有遲到，還是應徵人員中唯一一個把椅子搬回原位的應徵者。這個小小的舉動決定了她最後的勝出。

張陽姍之所以求職成功，關鍵是她的應徵細節。這些應徵細節反映了她良好的素養和人品，這些東西有時比經驗更為重要。

小事成就大事，細節成就完美。對於求職者來說，最重要的一點就是細節，尤其是對那些進入面試環節的求職者。有時，看似無關緊要的小事卻往往關係到求職的成敗，關係到個人的前途和命運。

一知名企業聘請採購主管。知名管理學院畢業生甲、商學院畢業生乙、普通高中畢業生丙共三人前來應徵。

主面試官簡單的看了一下學歷，開始了筆試，結果三人在專業知識與經驗上各有千秋，難分伯仲，隨後這家公司的總經理親自面試，他提出了這樣的一道問題，題目為：

假定公司派你到某工廠採購四千九百九十九個信封，你需要從公司帶多少錢去？

幾分鐘過後，應試者都交了答卷。

知名管理學院畢業生甲的答案是四百三十元。總經理問：「你是怎麼計算的呢？」「就當採購五千個信封計算，可能需要四百元，其他雜費就算三十元吧！」答者應答如流。但總經理卻未置可否。

商學院畢業生乙的答案是四百一十五元。對此，他解釋道：「假設五千個信封，大概需要四百元左右。另外可能還需用到十五元。」總經理對這個答案同樣沒有發表看法。

但當他拿高中畢業生丙的答卷，見上面寫的答案是七百八十九點九二元時，不免有些驚訝，立即問：「你能解釋一下你的答案嗎？」

「當然可以，」那名高中畢業生自信的回答道，「信封每個八分錢，四千九百九十九個是三百九十九點九二元。從公司到某工廠，搭捷運車來回票價四十元。午餐費五十元。從工廠到捷運站有一公里半路，需借一臺推車搬信封，需付押金三百元。因此，最後總費用為七百八十九點九二元。」

總經理不覺露出了會心一笑，收起他們的試卷，說：「好吧，今天到此為止，明天你們等候通知。」

很明顯，等到錄用通知書的是那個高中畢業生丙。

看來，機會總是偏愛那些有準備的人。面對同樣的機遇，有時決定勝敗，上帝往往更偏愛於更關注細節的人。細節不是沒有輕重之分，而是要認真對待能夠考慮到的。求職的過程中，尤其在競爭對手與我們相差無幾時，關注細節，就是關注成功。

【謀職攻略】

應徵中的小細節往往是打開求職之門的金鑰匙，所以求職過程中一定要有細節決定成敗的求職理念。

第七章　順利度過試用期，與企業成功對接

試用期是方便徵才公司與勞動者之間互相了解，然後自行選擇的一個階段。對於剛剛進入職場的新人來說，順利的度過人生的第一個試用期，對即將開始的職場生涯有著特殊的意義。所以，重視自己在試用期期間的表現，為自己爭取個滿意的分數，這將會給你的職場生涯建立一個良好的開端。

初入職場，處理好與同事的關係

人際關係講究的就是如何與別人和諧相處，這是一門藝術，一門學問。但人際關係又是一道門檻，尤其對於初涉職場的新人來說，先學會與同事相處要比學習業務更重要。這道門檻若跨不過去，職場之路難免跌跌撞撞。

康禎蘋剛來這家公司上班時，她心裡有些惶恐：畢竟這是她大學畢業後第一家令她心動的公司，而且部門經理是康禎蘋同一個系的學姐，特別是薪資居然超出自己的期望。這麼好的機會，她不能再錯過。

康禎蘋把自己當成一個什麼都不懂的新手，利用人人都有的「喜為人師」的心理，從他們的口中了解自己想知道的事情。雖然康禎蘋是經理辦公室的祕書，經理學姐對她也挺器重的，但她從不拿這個去壓人。有一回，經理急著要公司市場部制定的季度行銷計畫，但市場部的人很不合作，雖經康禎蘋三催四請仍沒完成。當康禎蘋再一次去催這份計畫時，有個職員很生氣，說康禎蘋像討債鬼一樣。康禎蘋一聽也很火：我已經提醒過你幾次了，你沒有按時完成能怪誰呢？我不到經理面前告你一狀算不錯了。可是回到座位上，康禎蘋心平氣和的想了想：計畫沒完成算我工作失職，又和同事鬧彆扭，實在不值得。於是，康禎蘋寫了張紙條給那位同事：「對不起，如果我的行為害得你心情不愉快的話，我願意為此道歉。也許你有你的難處，但也請你體諒一下我的工作……」結果計畫在當天上午就交上來了，康禎蘋與市場部的同事仍然能保持很友好的關係。

「換位思考」是康禎蘋與同事交往時遵守的信條。凡事多從對方的角度去考慮，互相諒解，天下沒有解決不了的事情。正是這個信念使康禎蘋在公司裡站穩了腳跟，與大家相處融洽，而人際網的鋪開，也使她的工作上少走了許多彎路。而與她同時進入公司的一位碩士生，卻因為自視清高，不能以平常心看待工作，時時處處愛挑他人毛病，最終沒能跨過試用期這道門檻。

對於處在試用期的職場新人來說，與同事建立良好的人際關係，得到大家的認可與尊重，無疑對自己的生存和發展有著極大的幫助。良好的同事關係讓你和你周圍的同事工作和生活都會變得更簡單、更有效率，從而助你安然度過試用期。

隨著市場經濟的發展，在一些部門和企業，追求工作績效，大家都希望贏得上司的好感，獲得晉升，以及其他的種種利害衝突，使得同事間存在一種競爭關係。這種競爭在很大程度上摻雜了個人感情、好惡、與上級的關係等複雜因素。表面上大家和和氣氣，內心裡卻可能各打各的算盤。利害關係導致同事之間既可能同舟共濟，也可能各懷各的心事，因此難免關係微妙。所以職場新人與同事相處時要注意細節，不能過於隨便。

日常交往中，職場新人不妨注意把握以幾個方面，來建立融洽的同事關係。

一、把握好交談的尺度

和同事聊天交談之時，不要「打破砂鍋問到底」，彼此心照不宣就足夠了，要考慮對方的心思，給對方留足面子，這樣比較容易獲得對方的好感。同時，不要觸及對方的隱私，這是對同事基本的尊重。要遠離蜚短流長，它是職場中「殺人不見血」的刀，被流言困擾的人，在心靈上會造成很大的傷害，因此無論是從人格還是道義上來講，都不要讓自己捲入其中，以免誤人誤己。

二、把握好交往的尺度

有這樣一個寓言故事：一個飄雪的冬日，森林中有十幾隻刺蝟凍得發抖。為了取暖，牠們只好緊緊的靠在一起，但卻因為忍受不了彼此的長刺，很快就各自跑開了。可是天氣實在太冷，它們又想要靠在一起取暖；然而靠在一起時的刺痛，又使牠們不得不再度分開。就這樣反反覆覆的分了又聚，聚了又分，不斷在受凍與受刺兩種痛苦之間掙扎。最後，刺蝟們終於找出一個適中的距離，可以相互取暖而又不至於會被彼此刺傷。

從刺蝟的相處法則中，我們可以看出：在做任何事情的時候，都要把握好一個尺度。在與同事的來往中，如果過分的親密無間、推心置腹，那麼在你們之間也就沒有了距離、沒有了祕密，對方的缺點暴露無遺，也就失去了彼此欣賞對方的美感，與之相反，如果同事之間的關係過於疏遠，對方在彼此心中只是一個模糊的形象，同樣也是不利於未來工作友誼的和諧發展。唯有保持適當的距離，才會達到一種較為理想的協作效果。所以我們在與同事交往中，切記不要過於疏遠，也不要過於親密。同事之間的友情一定要把握好一個火候與分寸，既要做到有所為，還要做到有所不為。

三、學會相互尊重

同事之間，不管能力和水準有多大的差異，都應對他人有必要的尊重。對那些你認為水準比你高、能力比你強的人，也不要表現出缺乏自尊與自信，這樣往往會讓他更瞧不起。對於那些你認為不如你的同事不要盛氣淩人，因為這樣會因為你對他的不尊重而導致正常交往的失敗。不要在他人面前話說太滿、說大話、不要掃他人的興、不要以質問的口氣對人說話等等，這些都是對別人的不尊重。相反的，在你出現錯誤時，要勇於承認錯誤，並適時的請求別人的幫助。承認你需要幫助，會更容易與和你一起工作的人打交道，而告訴別人你從某個錯誤中學到了什麼，則證明你並沒有把自己看得高人一等，讓人感覺到你很容易相處。

四、莫與同事有金錢往來

在同事們的印象當中，軒胤無論是關係很好的同事還是關係一般的同事，他都能隨便開口向他們借錢，有時同事的確是身上沒帶錢，軒胤就會當面埋怨同事不夠交情，覺得大家都是同事一場，借點錢就這麼困難，原來同事關係有的只是表面工夫；而被借錢的同事覺得友誼出現了雜質，甚至擔心自己的錢借給他會有去無回。有一次，軒胤沒有如期將錢還給同事，同事立即對他產生了反感，結果大家後來都不願理他。

有時候會遇到同事向你借錢，這時你該怎麼辦？一般來說，遇到這種情況是比較麻煩的，有的人確實經濟拮据，借錢不能如期償還。遇到這種事情，你應該仔細分析一下，看這位同事屬於哪種情況。如果這位同事確有燃眉之急，你應該伸出援助之手，幫他渡過難關；如果這位同事平時花錢如流水，不知道節儉，理財無方，借不借他錢，還需要看你們平時交情的深淺。假如你們在同一部門，平時接觸的很多，無法推辭的話，那你就只有「酌量」幫忙了。

如果借錢者是別的部門的人。你了解他是個守信用的人，你就可以借錢給他，一旦這件事完結，或許你倆的友誼會更進一步，當你去他的部門辦理事情時，他一定會盡力相助。

如果這位同事平時信譽不太好，你就應該委婉的告訴他：「對不起，我這個月有很多事要辦，資金比較緊張，恐怕幫不了你的忙。」

工作之餘，同事間一塊吃頓便飯，一塊去唱唱歌，放鬆一下精神，消除工作帶來的疲勞，這是同事間聯絡感情的一種方式。但這時候大家應該實行各付各的帳。這樣才能使同事間保持良好、持久的關係。

五、同事之間要相互幫助

俗話說得好：「一個籬笆三個樁，一個好漢三個幫。」同事間只有互相團結、互相支持、互相幫助、相互尊重、親如一家，才能營造一個和諧的工作環境。我們經常能聽到這樣一句話：「與人方便，與己方便。」我們工作中如果沒有了關懷和愛心，同事之間就無法和睦相處。有時候，我們必須為他人的利益著想。如果只站在自己的角度而不顧別人，那麼你就可能受到排擠、攻擊。不給他人方便的人，自己也很難有好的結果，不愛人等於不愛己。

總之，建立融洽的同事關係是一門重要的學問，我們只有以團結友善的態度對待同事之間的關係，才能創造一個輕鬆的工作環境，迅速融入到職場之中。

【謀職攻略】

初入職場，在處理人際關係方面，如果你能秉承真誠友好、嚴於律己、寬以待人、虛心好學、樂於助人的作風，使自己盡快融入新環境，你就會成為一個受歡迎的人。

迅速適應工作環境，平穩度過試用期

有這樣一個小故事：

哈佛大學裡有一位著名的經濟學教授，凡是他教過的學生，很少有順利拿到學分畢業的。

原因出在，這位教授平時不苟言笑，教學古板，分派的作業既多且難，學生們不是選擇翹課，就是打混摸魚，寧可拿不到學分，也不願多聽教授講一句。但這位教授可是美國首屈一指的經濟學專家，幾位有名的財經人才，都是他的得意門生。誰若是想在經濟學這個領域內闖出一點兒名堂，首先得過了他這一關才行！

一天，教授身邊緊跟著一名學生，二人有說有笑，驚訝了旁人。後來，就有人問那名學生說：「為什麼天天圍著那個古板的老教授轉？」那名學生回答：「你們聽過穆罕默德喚山的故事嗎？穆罕默德向群眾宣稱，他可以叫山移至他的面前來，等呼喚了三次之後，山仍然屹立不動，絲毫沒有向他靠近半寸；然後，穆罕默德又說，山既然不過來，那我就自己走過去好了！教授就好比是那座山，而我就好比是穆罕默德，既然教授不能順從我想要的學習方式，只好我去適應教授的授課理念。反正，我的目的是學好經濟學，是要入寶山取寶，寶山不過來，我當然是自己過去嘍！」

後來，這名學生果然出類拔萃，畢業後沒幾年，就成為金融界了不起的人物，而他的同學，都還停留在原地「喚山」呢！

可見，與其試圖讓環境改變以適應自己，不如讓自己去適應環境。在當今這個適者生存的時代，只有學會適應社會環境，個人才能得到生存和發展。對於正在試用期的職場新人來說更是如此。如果你想在職場的競爭中生存下來，就要學會適應周圍的工作環境，養成良好的適應性，找到適合自己的生存法則。如果適應不了新的工作環境，就只能被淘汰或歸於失敗。

劉娜大學畢業後，被一家外資企業看中了，並獲得了試用的機會，劉娜為此興奮不已。要知道，在臺北這樣的大都市裡，擁有研究生、碩士、博士文憑的人數不勝數，而她一個大學畢業生竟然能進人外資企業，而且從事管理工作，的確是一件令人興奮的事。更讓她高興的是，如果能順利度過三個月的試用期，她就可以按照契約，在公司工作三年，而且自己的保險與戶口問題也可以得到解決。這樣優厚的福利待遇激勵著劉娜努力工作，她決定在試用期內好好表現，爭取能成為該企業的正式員工。上班的第一天，由於塞車，劉娜遲到了五分鐘。人事部主任什麼話也沒說，下班後卻將她留下，給她上了一堂課，並要求她每天提前半小時到達公司，做好工作前的準備，如：打掃辦公室，為大家準備好開水。當時，劉娜只是想要能順利轉為正式員工，所以，非常爽快的答應了。

第二天，劉娜按照人事經理的要求早早的來到了公司，掃地、擦桌子、燒開水，等其他同事都到了以後，劉娜以為可以休息一會了，不料令她不滿的事情發生了，劉娜儼然成了一個名副其實的打雜工，其他同事都悠閒的看著報紙喝著茶，而她卻被指使得頭暈眼花。不是這個請劉娜幫忙辦某事，就是那個請她幫忙送件，整個上午辦公室裡最忙的就是她了。劉娜雖然心裡不滿，可是想到自己正處於試用期，就默默的忍受了。

三個月過去了，劉娜已經成了該公司的正式員工，那些端茶倒水的事她再也不用做了。

從劉娜的就業經歷看，公司對新員工的要求與老員工是沒有差異的，無非是在試用期裡主管可能會多派一些工作給新員工，看他們在一個新環境下的實際工作能力以及適應能力。新人要做好的就是：適應新公司的文化、價值觀；適應新老闆的管理風格；適應新工作環境中與舊員工的關係；做好可能會「被欺負」的心理準備（就是有可能老闆給你的工作比老員工多，老員工也有可能來支配你的工作等）。如果不能盡快適應工作環境，而是意氣用事的話，很可能丟掉就業機會，那麼先前的努力也就白白浪費了。

人的一生，其實是一個不斷適應的過程，新員工適應的只是人生某一階段的一個新起點，所以你要學會盡快的適應新環境，主動的適應新規則，用新觀念來提升自己各方面的能力。

某家報社要徵一名記者，珍妮是某大學新聞系的畢業生，希望能得到這一工作職位。面試時，該報社給應徵者出了一道難度很大的題目：採訪美國可口可樂公司總裁。可口可樂公司的總裁日理萬機，不會輕易接受記者採訪，為了完成任務，眾應徵者使出了渾身解數，珍妮也同樣如此。她知道作為一名新聞記者必須要盡快適應工作環境，在第一時間內搶到特大新聞，可是這只是書本上所學的內容，至於實際操作，她還是第一次。接到這樣一道考題，珍妮已不願再多想什麼，不管徵才公司是刁難也好，還是在考驗她們也罷，只要能採訪到美國可口可樂公司總裁就可以了，否則她就無法得到這份工作。

她透過種種關係和可口可樂公司的高層管理人員接觸，但所有的工作都是徒勞，她根本無法進入可口可樂公司的管理層，每次拜訪都被祕書直接攔下拒絕了。珍妮的情緒漸漸低落起來。可是，為了得到記者這一職位，她還是強迫自己振作起來，好想辦法採訪到美國可口可樂公司總裁。

她清楚的明白，作為一名新聞記者，隨時隨的都可能會陷入困難當中，不能被眼前的困難嚇倒，要盡快適應這種艱難的工作。如果自己不能適應這種工作環境，就無法成為一名合格的新聞記者。

一次偶然的機會，珍妮得知可口可樂公司的總裁應邀到某大學演講。珍妮認為這是一次千載難逢的好機會，當她看完詳細報導後才知道，該總裁只會在該大學停留三十分鐘，而且還要進行演講。由此看來，完成採訪任務似乎是不可能的，但是珍妮仍然想試一試。於是，她趕到了演講現場。

她與其他同學一樣，站在人群中靜靜的等待總裁的到來。不一會，總裁如約而至，珍妮快速的穿過人群，跑到總裁面前，氣喘吁吁的說：「總裁先生，我是一名實習記者，您能不能給我五分鐘時間，哪怕時間再短也可以。這次的採訪對我來說非常重要，它很可能決定我的命運。」可口可樂公司的總裁對珍妮的這些話感到好奇，同意演講結束後，給她五分鐘的採訪時間，珍妮心滿意足的回到人群當中。其他人向她投來了鄙夷的目光，似乎在說：「像妳這樣的人也能和總裁交談？」、「總裁怎麼會把和妳的約定放在心上？」珍妮想到總裁或許會忘記與她的約定，不由擔心起來。於是她鼓起勇氣在紙上寫下了一句話，提醒總裁剛剛答應過接受她的採訪，並擠出人群，悄悄把紙條交給了總裁。

這一招果然奏效，不一會兒總裁便宣布演講結束，並接受了珍妮的採訪，而且對她說：「你是我見過的最勇敢且最具個性的新聞記者。」

完成任務後，珍妮興高采烈的回到報社，並將對可口可樂公司總裁的採訪資料交到了主面試官的手上，結果與她意料中的一樣，她被錄取了。

在試用期中，上司往往會給職場新人一些任務，有些甚至是難度較大的任務，借此來考查你的能力，這正是展現自身能力的機會。職場新人要善於把握這些時機，利用所學的專業知識，發揮自己的主動性，腳踏實地，勤於動腦的努力把這些任務辦得圓圓滿滿、萬無一失。

對於職場新人來說，縱然對現實的工作不甚滿意，也不能騎驢找馬，立足本職，做好屬於自己的工作才是最重要的。職場新人一定要明白：作為剛剛走入社會的一名新人，要學會主動調整自己，盡快適應工作環境，順利度過工作試用期。

【謀職攻略】

對於職場新人或者經常換工作的人來說，在一個新的工作環境中，最重要的也是最難做到的就是盡快的適應工作環境，讓自己全身心的投入已經選擇的職位，這樣，才能順利度過試用期，使職業生涯有更好的發展。

謙虛謹慎，向有經驗的人學習

對於處在試用期的職場新人來說，他們的志向都很遠大，恨不得馬上就能做出成績，博得老闆的賞識。然而由於缺乏經驗，或者理論與現實脫節，所做的工作往往事與願違。因此，職場新人要能夠正確的認識自己，虛心的向有經驗的人請教和學習，不要以為自己的文憑比別人高就自以為是。

峻春獲得了博士學位後，被分配到一家研究所工作，他成為了研究所中學歷最高的一個人。有一天，峻春閒來無事，就到研究所旁的一個小池塘去釣魚，恰巧正副兩位所長也在釣魚。他只是微微點了點頭，沒有說話。

不一會兒，正所長放下釣竿，伸伸懶腰，輕盈的從水面上像會飛一樣的走到對面上廁所。峻春看得眼睛都快掉下來了，輕功水上飛？不會吧？這可是一個池塘啊。正所長上完廁所回來的時候，同樣也是輕鬆的從水上漂回來了。怎麼回事？峻春又不好去問，自己可是博士生哪！

過一陣兒，副所長也站起來，走沒幾步就輕盈的飄過水面去上廁所。這下子峻春更是差點昏倒：不會吧，我到了一個武林高手集中的地方？

過了一會兒，峻春也內急了。這個池塘兩邊築有圍牆，要到對面廁所非得繞十分鐘的路，而回研究所上廁所又太遠，怎麼辦呢？峻春還是不願意去問兩位所長，憋了半天後，他也起身往水裡跨：我就不信大學生能過的水面，我堂堂的博士過不去！

只聽「撲通」一聲，峻春一下子沉到了水裡。兩位所長慌忙把他拉上來，問他為什麼要下水。峻春尷尬的問：「為什麼你們可以走過去呢？」

兩位所長一愣，然後相視一笑：「你不知道嗎？這個池塘裡有兩排木樁子，由於這兩天下雨水位高了所以正好淹沒在水面下。我們都知道這木樁的位置，所以能踩著木樁過去。你怎麼就不先問一聲呢？」

峻春落水的原因，其實就因為他自恃甚高，而不屑於向別人求教。

現實中，這類人很多，他們對自己的估價過高，瞧不起他人。其實，涉世之初，很多人都不太了解社會，不熟悉各行各業的特點，更不了解自己所在公司運行的詳細程序，所以，遇到問題不要不懂裝懂，擅自下結論，匆忙表態，應該多虛心求教於別人。

有這樣一個事例：

某公司新招來一批大學生，在新員工座談會上，老闆希望新來的畢業生們，在試用期內能夠結合自己的工作，多提出意見和建議。

其中有一位學管理專業的文笠，非常積極的回應了老闆的期望，不到一個月時間，就結合自己所學的專業，寫出一份洋洋灑灑的萬言建議書，從部門設置、工作流程、作息時間等很多方面，找出不少「毛病」來提出改進意見。之後，老闆在大會上好好表揚了他，他也認為自己在管理理論上比別人懂得多。在之後的工作中，他壯志滿懷，鋒芒畢露，而周圍的同事卻對他敬而遠之，漸漸的他失去了好人緣，公司對他的建議中所提到的問題也並沒有做出什麼改變。為此，他很苦惱，試用半年轉正職後，不久他就辭職離開了公司。

還有一個事例：

碩士生劉安弘在一家電子公司徵才考試中拔得頭籌，他自以為渾身是智慧，所以到公司的第一天上班就指手畫腳，大有公司要求發展，捨我其誰的架勢。正巧，他被分配在產品設計處工作，對於電子工藝設計專業的劉安弘來說，簡直就是輕車熟路，他的畢業設計可是在全校拿了冠軍的。但是他有一個致命傷，就是喜歡說大話。在第一次的工作會議上，他就口若懸河的高談闊論，從產品設計的文化定位到細節處理，好像在做一次學術報告一樣，全然不顧主任和全部門的同事皆在場，主任幾次打斷他的發言都沒能阻止他，在場的老設計師們也都直搖頭。

接下來，他被分派和一位四十幾歲的女設計師共同完成一項設計任務，這位女設計師的產品設計曾在全國拿過大獎。老闆的意圖是以師帶徒，但劉安弘卻把自己的角色給弄顛倒了。在商討設計方案時，他全盤否定女設計師的觀點，說他的方案才是最佳的，弄得這位女設計師滿臉不高興。「這位後生不知天高地厚，她伺候不起。」第二天她就在主任面前告了劉安弘的狀。

平時，劉安弘也不喜歡跟公司的同事溝通交流，總是一個人在電腦前，旁若無人的不知道在忙些什麼。漸漸的，劉安弘在公司越來越孤立，沒有人願意與他合作共事，劉安弘感到十分煩惱。半年後，他不得不離開這家公司。

從上面的兩個事例中我們可以看出：職場新人一定要謙虛，孤芳自賞、恃才傲物只會讓自己失去很多學習的機會。作為職場新手處在一個新環境中，不管你曾經獲得多少獎學金，不管你曾經有多大的能耐，從走出校門的那一刻開始，一切都要從零開始，本著謙虛求教的態度「少說話多做事」準沒錯。剛進入職場的你有想法有創意有抱負是好事，但切忌鋒芒畢露、自作主張。欲速則不達，要獲得別人的認可，工作業績才是最有力的證明。

某知名大學新聞系畢業的妤珮進入一家報社擔任記者，因為工作經驗缺乏，即使每天忙忙碌碌的尋找新聞線索，但仍然難以完成正常的採訪任務，她感覺壓力很大。一位朋友提醒她，向公司裡的一些老同事請教，但她覺是自己是名牌大學的畢業生，低聲下氣的問別人太丟臉了。由於妤珮一直無法完成工作進度，所以剛剛過了試用期，就被報社辭退了。

初涉職場，新員工要時刻保持著謙虛的態度，多向有經驗的人學習業務知識，學習他們身上的好的特質與工作方法。相信別人的成功都是因為具有獨到的優點。你若能從他們身上吸取各自的優點，你就是一個十分了不起的人物。

虛心向別人學習和求教會讓你受益匪淺。不僅有利於攻克難關，確保工作的順利進行，也能促使你不斷的上進，提高解決問題的能力和水準；同時，會讓別人對你的「請教」產生好感，認為「孺子可教也」，也能促使彼此關係的友好、和諧，使工作配合更為默契。相反的，如果你不懂得虛心請教和學習，很可能因此造成工作上的失誤。

向別人學習和請教是職場新人實現自我提升的有效途徑，也是發展彼此良好關係的客觀需要。向別人請教要把握好分寸和「火候」，既要誠心誠意、虛心受教以提高自我；又要避免老闆的誤解，以致於產生反效果。

勤於學習他人的工作方法，虛心接受他人正確的意見，改正自己的缺點，是最大的進步祕訣。職場新人應該時刻帶著新的思維觀念，敢於否定陳舊的工作方法，大膽創新，從手頭的小事做起，從而不斷的提升自己的工作能力。

以謙遜的態度去向別人請教，這並不是什麼難事。放下架子，虛心請教，你會發現別人身上值得你學習的地方有很多，你自己身上也有別人值得學習的優點。虛心求教，既能很快的進步，又能建立良好人際的關係，讓自己很快的融入到團體中去，既受益匪淺，又讓人喜歡，何樂而不為。

【謀職攻略】

剛到公司，所有的工作對你來說都是陌生的，諸多事情都不知如何辦理，因此多向別人求教是快速進步的方式。你要有一種從零做起的心態，放下面子，尊重同事，不論對方年齡大小，只要比你先來公司，都是你的老師，虛心請教，埋頭學習和苦幹。

敬業才能安全度過試用期

徵才公司考察職場新人最為看重的方面就是能否敬業。敬業，是職場新人走向社會、適應社會的第一步，也是評價職場新人綜合素養的一個極為重要的參考點。

敬業是個體以明確的目標選擇、樸素的價值觀、忘我投入的志趣、認真負責的態度，從事自己的主導活動時所表現出的個人特質。敬業是做好本職工作的重要前提和可靠保障。某知名公司總經理說道：「我們公司徵人的標準是敬業精神，當然，辭退的原因也和敬業有關。我認為，一個人的工作是他生存的基本權利，有沒有權利在這個世界上生存，要看他能不能認真的對待工作。能力不是最主要的，能力差一點，只要有敬業精神，能力總會提高的。如果一個人本職工作都做不好，就算找別的工作、做其他事情也都沒有可信度。如果認真做好一個工作，往往還有更好、更大的工作等著你去。這就是良性循環。」

敬業，是職場新人應該具備的職業道德。如果你在工作上能敬業，並且把敬業變成一種習慣，你會一輩子從中受益。一個缺乏敬業精神的人，以懶散粗心的態度應付工作，最終的結果只能是成事不足，敗事有餘。

讓我們看看下面兩個事例：

王孝郁在大學讀市場行銷，畢業後經朋友介紹到一間房地產開發公司應徵。公司總經理看到王孝郁的學習成績優秀，有意將她作為公司的中階主管來培養，在試用期還特地把王孝郁安排到公司開發部做外勤職員。

按理來說，對這份來之不易的工作應該倍加珍惜才對，但王孝郁卻感覺到公司對自己的工作安排大材小用。因此，她抱著一種應付的態度，在平時的工作中馬馬虎虎、敷衍了事並且時常丟三落四的。終於在一次公司參與的土地競買招標活動中，由於王孝郁所負責承辦的相關手續遲遲未能辦好，而喪失了參加投標的資格。對於公司來講，一次較大的賺錢機會因此而泡湯，王孝郁的試用期也就此提前畫上了「句號」，被公司解雇也就成了順理成章的事。

鄭尚盈即將大學畢業，她來到某報社實習，一待就是五個月。五個月裡，她努力找題材，分析競爭對手，向媒體業前輩學習，還寫了不少有深度的文章，受到了主編的肯定。終於，在實習的第六個月，報社和她簽訂了勞動契約。

正式畢業後，她才到報社上班。想到自己已經有五個多月的實習經歷，鄭尚盈覺得試用期不過是走走過場的形式，就沒放在心上。熟悉的環境，熟悉的工作，鄭尚盈完全沒有新人的拘謹。本來堅持早到晚退的她，也學會偶爾的遲到早退。新聞寫作已經駕輕就熟，鄭尚盈也沒了當初的熱情和積極。兩個月試用期中，她寫的稿子和被選中的好稿件加起來還沒有實習時一個月的量多。

試用期結束，鄭尚盈怎麼也沒料到報社居然變卦不要自己了。部門主任拋給她一句話，

「妳越來越懶，越來越不認真了」。

從上面兩個事例我們可以看出，對職場新人來說，許多時候決定成敗的往往是工作態度，並非工作能力，是敬業精神決定你在試用期的去留問題。所以，職場新人想要適應當今的職場環境，就必須具備明確的工作目標和強烈的責任心，帶著激情去工作，踏實、有效率的完成自己的本職工作。工作態度很大程度上能夠決定一個人的工作成果，有良好的態度才有可能塑造一個值得信賴的形象，獲得同事、上司的信任。

雲源、國旭和辰儇三個大學生畢業後，在一家著名的軟體公司找到了工作。三個大學生都努力的工作，為了更快適應公司，他們幾乎每天都要加班。轉眼間，一個月的試用期快到了。然而，到了試用期的最後一天，經理在公司門口等著他們，對他們說：「很抱歉，你們三個人的表現都沒有達到公司的要求，今天上完班，你們就可以離開了。」說完，經理把這個月的薪水給了他們，然後就走了。三個人呆呆的站在原地，都感到很難過。

過了許久，三個人似乎才回過神來。雲源對兩位同伴說：上班時間到了，我們進去吧。國旭和辰儇對著雲源吼道：「你是傻瓜嗎？這家公司已經把我們解雇了！」最後，只有雲源一人走進了公司，國旭和辰儇則頭也不回的走了。下班後，雲源走出了公司大門，卻發現經理又在那裡等他。經理微笑的說：「雲源，恭喜你！你的試用期結束，公司將給你一個新的職位。」見雲源一臉疑惑的表情，經理解釋說：「你們三個人都很優秀，但和你的兩個同伴相比，你比他們更敬業，所以我們選擇了你！」

無獨有偶。貞菱大學畢業後，和另外兩個女孩一起被一家企業臨時錄用了。試用期三個月，屆時再從三人中挑選兩位出來。

這三個月裡，貞菱一直十分努力。另外兩個女孩也同樣的很努力，而且她們先前還有一些工作經驗，比起貞菱來說更有優勢。

就這樣努力到試用期結束前兩天，公司按照她們三人的工作能力和表現，一項項給她們評分。結果，貞菱雖然也很卓越，但仍然比另外兩位女孩低一至二分。

公司於是做出決定，並通知貞菱：「明天是妳最後一天到這裡上班，後天就可以結算薪水離職了。」貞菱雖然心裡很難受，但也明白自己畢竟有不如人之處。她同時覺得，哪怕已是自己在公司的最後一天，既然要做就把工作做好吧。

翌日上班時，許多同事都關心的勸貞菱說：「反正是最後一天了，妳就不必來上班了吧，還是去找工作重要。」貞菱笑笑說：「手頭還有點工作未做完，做完再走也不遲。」只見她井井有條的完成了所有工作，又把桌椅擦拭乾淨，然後才和同事們一起下班，一一道別。

第二天，貞菱回到公司的財務處結算領薪。沒想到，總經理卻前來通知她：「我們希望留任妳，請妳到公司品檢部去工作。」貞菱頗為吃驚，總經理笑著解釋說；「昨天下午，許多同事都來跟我說，妳做事十分敬業、認真和細心，而且堅持到底。我們的品檢部正需要這樣的人才，妳一定會做得很好的。」

是否具有良好的職業道德和敬業的態度是企業錄用人才的標準。職場新人要想在企業立足、發展，沒有敬業精神是萬萬不行的。一個工作態度認真、熱情、盡責；工作行動快捷、有序、高效；工作作風踏實、嚴謹、進取的職場新人是一定會受到徵才公司青睞的，相反的，那些工作態度馬虎、冷漠、敷衍；工作行動遲緩、無序、低效；工作作風浮躁、輕率、消極的人在企業將是很難立足的。總之，缺乏敬業精神的人是注定會被企業淘汰的。因此，職場新人應當在培養敬業精神上下工夫，這是你能否在企業獲得發展的治本之道。

【謀職攻略】

敬業是職場新人做好本職工作的重要前提和可靠保障。只有敬業，你才能懷著一種對職業的敬仰，才能在工作中充分發揮自己的潛力，找到自己的價值。如果你能敬業，並且把敬業變成一種習慣，你就是企業最需要的人。

態度決定高度，每天都是試用期

對職場新人來說，是否具有積極主動的工作態度十分重要。工作態度往往決定著一切。積極主動的工作態度表現在工作上，就是勇於承擔責任，有強烈的工作責任感、端正的工作態度、敬業的精神，做一行、愛一行、鑽研一行，樹立良好的職業道德、培養良好的職業素養，認真的對待自己的工作，做到全力以赴。

孫中麟大學畢業後，經過嚴格的面試，終於被一家大型連鎖餐飲公司錄用。面對新環境、新生活，他的工作熱情高漲。每天上班時總是提前半個多小時趕到店裡，整理貨物、打掃衛生。儘管做的只是店員工作，但他非常認真。工作中他放下大學生的架子，畢恭畢敬的向店裡的老同事虛心求教，對待顧客更是滿腔熱情……孫中麟的工作受到了顧客與同事們的一致好評。

一年以後，公司為了拓展業務，舉辦了一次徵求合理化建議活動。孫中麟研究了當前餐飲業市場的實際情況，再結合自己所在的餐飲店乃至整個公司的營運和管理情況，向公司管理層提出了「關於加強和改進本公司基層門市行銷管理的分析和建議」，有理有據的數萬字。孫中麟的建議引起了公司高層的重視。公司總經理專門批示：「建議人事部門將該員工調任有關管理職位工作。」

一個人的態度直接決定了他的行為，決定了他對待工作是盡心盡力還是敷衍了事，是安於現狀還是積極進取。態度越積極，決心越大，對工作投入的心血越多，從工作中所獲得的回報也就相應的越多。對於職場新人來說，只有積極主動的對待工作，你才能盡早獲得公司對你肯定；當你以積極向上的心態進入工作狀態時，你在公司的「新人」形象也將大大淡化，順利邁過試用期這道門檻，也就是自然而然的事情了。

方啟明大學畢業後，進了一家機械廠工作，跟他一起分配來的還有五個大學生。他們幾乎都沒經過什麼技術培訓，就被分到各個部門，擔任基層管理人員。

由於他們不懂生產，也不熟悉工藝流程，所讀的科系與實際操作又相差太遠，在管理上明顯感到力不從心。加上有些工人也欺負他們是外行，在工作中總是偷工減料，這讓他們感到非常頭痛。為此，方啟明主動向廠長提出申請：到生產線當個輪班的工人。這個消息一傳出，全廠譁然，大家都說他是個怪人，其他幾個大學生對此也表示不能理解。

方啟明對各種議論根本就不加以理會，到了製造工廠安心本分的做了一名工人。他全身心的投入工作中，努力鑽研各項技術，熟悉每個工種。由於他勤學好問，那些生產能手都喜歡教他，並把自己多年的經驗毫無保留的傳授給他，很快他就全面掌握了生產工藝，生產中遇到的問題沒有他解決不了的。兩年後，他升任生產線主任。面對成功，他並不驕傲自滿，始終嚴把產品品質大關，所以，他所負責的生產線的產品品質一直是最好的。

幾年後，由於經營不太景氣，廠裡決定試行承包制。方啟明承包了一條生產線，由於他技術高超，又勤奮好學，工人們也都樂意跟著他做事。這時，他又拿出鑽研業務的熱忱投入到行銷中去了，成立了一支幹練的銷售團隊。由於產品品質極佳，行銷又得力，他很快地就打開了市場銷路，在全業界中成為赫赫有名的人物。到了年底，其他生產線都出現了不同程度的虧損，唯有方啟明承包的生產線贏得了巨額利潤。因此，廠裡決定把工廠全部都承包給他。相反的是，後來在工廠對員工進行精簡時，當年和他一起進廠的大學生因為技術不能過關，有的甚至被解雇了。

就業，需要一種積極向上的工作心態。積極向上的工作心態就是對自己所從事的工作兢兢業業、全心全意的盡力做好，這是做好工作、創造價值、力圖進一步發展的重要前提。對職場新人來說，積極的工作態度是順利度過試用期的有力保障。因為有了積極的工作態度，才能熱愛自己的工作，才能對自己所從事的工作充滿熱情；而熱愛自己的工作，才能在工作中發現失誤而進行改革創新，成功的革新才能讓自己在成功的路上立於不敗之地。

態度是每個人事業成功的基礎，也是讓自己以輕鬆愉快的心情投入工作、積極主動完成任務的先導。每個職場新人都要珍惜現有的工作職位，認認真真的做好每一件事，兢兢業業的做好每一分鐘，踏踏實實的走好人生的每一步，從而實現自己的人生目標。

【謀職攻略】

態度就是競爭力，積極的工作態度始終是使你脫穎而出的砝碼。擁有它，你將在競爭激烈的職場上做得更好、走得更順利。

腳踏實地，不要眼高手低

初涉職場，不少新人好高騖遠、眼高手低，他們不屑於小事，天天夢想著做大事，尤其剛畢業的大學生，經常對瑣碎的工作不屑一顧，認為自己學歷高，做這些是大材小用，委屈了自己，結果真正給他重要事情做的時候，又沒有能力做好。

有一位剛剛從美國讀完企業管理碩士回國的年輕人，由於自身學歷條件優越，他毫不費力的進了一家外國企業，老闆剛開始總把一些雞毛蒜皮的小事交給他做，他有點不滿意，在一次企劃書的招標會上，他把自己熬了幾夜精心準備的資料交了上去，原以為可以博得老闆的賞識。沒想到招標會結束後就收到了人事處的解雇通知。原來，他因為不在乎那些雞毛蒜皮的小事，總是馬馬虎虎、草草了事，把「進口」誤以為是「出口」，使公司在利益和信譽上蒙受了雙重損失。

由此可見，好高騖遠的人做任何事情都浮躁，很難把事情做精做細，做成功。「小事不願做，大事做不了」，是職場新人最容易犯的毛病。假如不好好糾正，很可能會使你流為志大才疏的那種人。要注重「大處著眼、小處著手」，舉輕若重、一絲不苟的做好每一件「小事」，才能為日後做「大事」累積資源與歷練。

海銘是一所知名大學的碩士研究生，畢業時他意氣風發，準備放開手腳做一番大事，但他在市區的一家公司工作一個多月以來，每天做的都是接電話、收發傳真、布置會場等雜事，海銘認為，這些瑣事高中生都可以做，自己是名校的碩士生每天打雜實在是大材小用，部門裡很多同事不過只是大學生，論學歷與才華根本比不過自己，憑什麼對他指手畫腳。

其實，對於每個剛進入職場的新人來說，必須從基層做起，一方面是為了讓新人能充分了解公司的運作情況，熟悉各項業務；另一方面也是徵才公司為了考察新人，鍛鍊其能力。但現在很多的新人往往眼高手低，一進公司就想身居要職，這種想法太好高騖遠。

對於剛剛進入新工作職位的人來說，無論具有什麼樣的學歷，你都是個不具備經驗的新人，所以進入一家新公司要展現一種新人的低姿態，不要眼高手低，將自己的重心放在努力學習、累積工作經驗之上，要虛心的讓自己累積大量的專業知識與技能，成為極具競爭力的職業人士。千萬不要好高騖遠，輕視自己所做的工作，即便是最普通的工作，你也要認真的完成。要知道，每一項普通的工作都可能成為你的機會。

宸琪是一家毛織廠的員工，自進入公司以後，她一直從事織掛毯的工作。做了幾個月之後，宸琪再也不願意做這種無聊的工作了，她認為自己並不比別人差，她出來工作絕不是為了做這些小事，而是應該做些大事。於是，她去向主管遞交辭呈。主管問她為什麼辭職，她低聲的嘆氣道：「織掛毯這種工作一點意思也沒有，整天只能機械式的打結、剪線，沒完沒了的重複，這種工作完全沒有意義，真是在浪費時間。我想做一些有意義的大事。」

主管意味深長的說：「其實，妳的工作很有意義，別看妳做的只是一些小事，但你織出的很小的一部分卻是十分重要的一部分。」

接著，主管把她帶到倉庫裡，在掛毯完成品面前，年輕的宸琪愣住了。

展示在她面前的是一幅美麗的百鳥朝鳳圖，而她所織出的那一部分正是鳳凰展開的美麗的羽毛。她沒想到，在她看來沒有意義的工作竟然這麼重要。

不要以為自己的工作不起眼，就提不起精神。世界上只有卑微的人，而沒有卑微的工作，任何工作都是高尚的，都值得我們去做。一個瞧不起工作中小事的員工永遠都不可能把工作做好。

不少的職場新人剛剛步入職場時，總是對自己抱有很高的期望，認為自己應該得到重用，應該獲得豐厚的報酬，認為自己應該得到較高的職位，並且經常嘆息：「英雄須有用武之地」。他們喜歡在薪水上互相比較，而不在意自己的工作能力是否得到提升。

作為職場新人，不能缺少腳踏實地的工作態度，因為你正在從事的職業和手邊的工作，就是孕育你成功之花盛開的土壤，只有將這些工作做得比別人更正確、更專注、更到位，才有可能成就非凡的人生。不要讓好高騖遠的心態束縛了你的手腳，工作中的每一件事都值得你去踏踏實實的做好、做到位。

琪緯畢業後，進入一家民營企業。他是學市場行銷的，滿腦子新觀念、新理論。當初，這家企業的總經理也是看好他的這個特點，希望他能為企業注入新活力，帶來新思想。

剛到公司，琪緯就開始了他的「傳道授業」。試用期間，凡是他參加的會議、討論、策劃等活動，都少不了他頭頭是道、滔滔不絕的演講。

最初，同事們還真的覺得琪緯知道得很多。但幾次接觸後就發現，琪緯的本事似乎就只在嘴上。在公司進行產品行銷時，如何把琪緯所說的新方法用上，他從來沒提過。

試用期結束時，人事部對琪緯進行考核。這一個月內，他一份完整的方案、企劃都沒有拿出來過，也沒有一條意見和建議被真正採納。結果，琪緯成績不合格，企業與他解除了雇用契約。

一些自視過高的職場新人往往喜歡紙上談兵，他們一進公司，就非常「眼高」，急於表現自己的才能，會提出一些激情滿滿，大而無當、不切實際的計劃。結果證明往往非常「手低」，以失敗告終。

辰興是某公司的員工，學歷高、個人能力較強，很受老闆的器重。隨著社會的發展，他有些蠢蠢欲動，「每天都重複一樣的工作，太煩了，自己能力也還可以，我就不信找不到更合適的」。於是，他幾經尋覓跳槽到另一家公司，日子卻過得和以前沒有什麼區別。

初入職場時，做什麼並不重要，重要的是你如何透過細枝末節的小事展現出有別於他人的特有能力。我們需要改變心浮氣躁、好高鶩遠的毛病，注重細節，從小事做起。在今天這個社會，幾乎所有的人都胸懷大志，滿腔抱負，但是成功往往都是從點滴小事開始的，甚至是從細小至微的地方開始的。只有把小事做好，才能真正的做成大事。固守自己的本分和職位，從普通的工作認真做起，付出自己的熱情和努力，才能在競爭日趨激烈的職場中獲得成功。

【謀職攻略】

對職場新人來說，切忌因為眼高手低而束縛自己，而要做好工作中的每件事，這才是取得職場成功的關鍵。

要有團隊意識，莫要以一當十

如今，企業的發展非常快，不斷引進各類人才，在選人和用人上，特別看重團隊意識。人才的優勢不是靠個人來發揮的，而是靠整個團隊。所以，職場新人在進入企業後，必須要擁有良好的團隊意識與合作精神。

所謂職場，就是與人合作，個人成為時代英雄一事已經是過時的神話，要想保持「不敗」，就得依賴團隊合作。

團隊精神是一種能力，一種透過與別人互相合作以及與別人一起創造和分享的能力，它是成功因素中最重要的一環，團隊精神也就是協作能力，它有利於個人更為靈活的工作，可以使自己抓住更多的發展機會。

有一家跨國大公司對外招聘三名高層管理人員，九名優秀應徵者經過初試、複試，從上百人之中脫穎而出，進入了由公司董事長親自把關的面試。

董事長看過這九個人的詳細資料和初試、複試成績後，相當滿意，但他又一時不能確定聘用哪三個人。於是，董事長給他們九個人出了最後一道題目。董事長把這九個人隨機分成甲、乙、丙三組，指定甲組的三個人去調查男性服裝市場，乙組的三個人去調查女性服裝市場，丙組的三個人去調查老年服裝市場。董事長解釋說：「我們所錄取的人是用來開發市場的，所以，你們必須對市場有敏銳的觀察力。讓你們去調查這些行業，是想看看大家對一個新行業的適應能力。每個小組的成員務必全力以赴。」臨走的時候，董事長又補充道：「為避免大家盲目展開調查，我已經叫祕書準備了一份相關行業的資料，走的時候自己到祕書那裡去取。」

兩天以後，每個人都把自己的市場分析報告交到了董事長那裡。董事長看完後，站起身來，走向丙組的三個人，分別與之一一握手，並祝賀道：「恭喜三位，你們已經被錄取了！」隨後，董事長看看大家疑惑的表情，哈哈一笑說：「請大家找出我叫祕書給你們的資料，互相傳閱看看。」

原來，每個人得到的資料都不一樣，甲組的三個人得到的分別是該市男性服裝市場過去、現在和將來的分析，其他兩組的也類似。董事長說：「丙組的人很聰明，互相借用了對方的資料，補齊了自己的分析報告。而甲、乙兩組的人卻分別行事，拋開隊友，自己做自己的，所完成的市場分析報告自然不夠全面。其實我出這樣一個題目，主要目的是考察一下大家的團隊合作意識，看看大家是否善於在工作中合作。要知道，團隊合作精神才是現代企業成功的保障！」

由此可見，越來越多公司的老闆把是否具有團隊協作精神作為甄選員工的重要標準。在知識經濟時代，競爭已不再是單獨的個人之間的鬥爭，而是團隊與團隊的競爭、組織與組織的競爭，任何困難的克服和挫折的平復，都不能僅憑一個人的勇敢和力量，而必須依靠整個團隊。

對於職場新人來說，只有學會與他人合作，將團隊精神運用和發揮在具體的工作當中，才會使自己的職涯道路越走越寬。拿破崙．希爾曾說過：「那些不了解努力合作的人，就如同走進生命的大漩渦中，他們會遭受不幸的毀滅。『適者生存』是不變的道理，我們可以在世界上找出許多證據。我們所說的『適者』就是有力量的人，而所謂的『力量』就是團結就是力量。為了獲得生命的成就，我們就應該努力合作，而不是單獨行動，一個人只有能夠和其他人友好的合作，才更容易獲得成功。」的確，合作是取得成功的重要前提，不能與他人良好合作，你就休想取得良好的工作成果。

林軍廷雖然是第一次工作，算得上是職場新人，但同事們還是尊稱他林博士，因為全部門就屬他的學歷最高。任職於這家世界聞名的行銷公司，林軍廷感到終於可以大展抱負了。

在完成幾個頗受老闆賞識的案例之後，林軍廷有些洋洋得意。這時候，公司接到一個大專案，為保證萬無一失，公司決定採用團隊合作的方式，集思廣益，力爭攻下這個大客戶。組成專案小組的，都是一些菁英，林軍廷也在其中，但一次次的提案，一次次的修改，又一次次被打回來重做，林軍廷有些惱火了。他覺得和其他人合作，不如按自己的想法來。後來的各種會議、商討會，他都只是應付的參加一下，沒提出任何意見。而是獨自去查資料、寫方案。等到最後期限，林軍廷和攻堅小組各向老闆交了一份方案。得知林軍廷自己單獨做了一份，老闆有些詫異，於是單獨找他談話，嚴肅的告誡了他：「公司最注重的是團隊合作，你的方案我沒看，你留著將來再用！」

現在的企業都非常注重團隊精神，要求大家齊心合力的謀求發展。因此，不論你的學歷高低、能力大小，一定要懂得合作精神。

職場新人要想獲得成功，你就應該學會與人合作，而不是單獨行動。只有把自己融入到團隊和集體中，才能取得更大的成功。融入團隊必須要有團隊意識，摒棄個人主義，代之以齊心協力的合作意識，扮演好自己的團隊角色。

對於職場新人來說，你進入一家公司，首先就要想方設法的盡快融入到這個團隊當中，了解並熟悉這個團隊的文化和規章制度，接受並認同這個團隊的價值觀念，在團隊中找到自己的位置和職責，並以整個團隊為傲，在盡自己本分的同時，與團隊其他成員協同合作。

有個年輕人，大學畢業後應徵到一家公司上班。上班的第一天，他的上司就分配給他一項任務，為一家知名企業做一個廣告企劃方案。

這個年輕人見是上司親自交代的，不敢怠慢，就埋頭認認真真的做起來。他不言不語，一個人摸索了半個月，還是沒有弄出一個眉目來。顯然，這是一件他難以獨立完成的工作。上司交給他這樣一份工作的目的，是為了考察他是否具有合作精神。但他不善於合作，既不請教同事和上司，也不懂得與同事合作一起研究。只憑自己一個人的力量去瞎忙，當然拿不出一個合格的方案來。

由此可見，一個人要想取得成績，只發揮以一當十的幹勁還不夠，還必須提高自己的團隊合作精神，使整個團隊發揮以十當一的功效。

隨著市場競爭的日益激烈，企業更加的強調團隊精神，建立群體共識，以達到更高的工作效率。特別是有遇到大型專案時，想要只憑一己之力去取得卓越的成果，可能非常困難。每個職場新人都應該意識到，單打獨鬥的時代已經結束了，取而代之的真是團隊合作！一個具有高度團隊精神的人，更加容易與人合作，也更加容易得到大家的認可，團隊精神已成為人生最重要的價值觀和理念，企業將其作為員工晉升的重要指標。

總之，團隊精神已成為人生中最為重要的價值觀和理念。一個職場新人能有效的融入團隊，又同時能夠真正的凝聚成一體，由此帶來的成果將是個人職業生涯中的亮點。

【謀職攻略】

職場新人要想在職場上取得良好的業績，甚至追求個人工作上的成就，必須牢記一個規則：相信團隊合作的力量。

有責任感的人最受企業青睞

對於職場新人來說，你在一家企業的前程，基本上可以在第一個月看出端倪，而其背後的依據就是你對工作的責任感。在西方已開發國家，大部分的企業都曾使用責任感測驗作為管理者甄選、錄用、安置員工的依據。這就說明了，現代企業在招收新人時，已不再將能力作為唯一標準，而更看重其對工作的責任感，因為能力是培養出來的，而責任感則是習慣養成的。換句話說，能力是技術技能問題，責任心是態度問題。

一家外貿公司招聘職員，經過幾番考試後，最後留下三個人。面試地點在總經理辦公室。總經理並沒有問他們關於業務方面的問題，只是帶領他們參觀他的辦公室。最後，總經理指著一張茶几上的花盆對他們說，這是他最好的朋友送的，代表著他們的友誼。就在這時，祕書走進來告訴總經理，說外面有點事情請他去處理一下。總經理笑著對三人說：「麻煩你們幫我把這張茶几挪到那邊的角落去，我出去一下馬上回來。」說完，就跟著祕書走了出去。

既然總經理有吩咐，這也是表現自己的一個機會。三人便連忙行動起來，茶几很重，要三人合力才能抬得動。當三人把茶几小心翼翼的抬到總經理指定的位置放下時，那個茶几不知怎麼的折斷了一隻腳，茶几一傾斜，上面放著的花盆便滑落了下來，在地上裂成了幾塊。三人望著這突如其來的事件都嚇呆了。就在他們目瞪口呆的時候，總經理回來了。看到所發生的一切，總經理顯得非常憤怒，咆哮著對他們吼道：「你們知道你們做了什麼事，這花盆你們賠得起嗎？」

第一個應徵者似乎不為總經理的強硬態度所壓倒，說：「這不關我們的事，我們不是你們公司的員工，是你自己叫我們搬茶几的。」他用不屑一顧的眼神看著總經理。第二個應徵者卻討好的說：「我看這件事應該找那茶几的生產商去，生產出品質這麼差的茶几，這花盆壞了應該找他賠！」

總經理把目光移到了第三個應徵者的身上。第三個應徵者並沒有像前兩位那樣，而是對總經理說：「這的確是我們搬茶几時不小心弄壞的。如果我們移動茶几時再小心一點，那花盆應該是沒事的。」還沒等他把話說完，總經理的臉已經由陰轉晴，臉上露出一絲笑容，握住他的手說：「一個能為自己過失負責的人，肯定是一個值得信任的人，你一定能得到大家的尊敬，我們需要你這樣的員工。」

是否敢於負責，是企業錄用人才的標準之一。剛剛進入職場的新人必須要時刻提醒自己，做每一件事都要有高度的責任心，不要因還沒責任感而影響了整個職業生涯。

羅伯特收到了著名的哈佛大學的錄取通知書。但是，因為家裡窮，他交不起學費，面臨著無法入學的危機。他決定趁假期去打工，像父親一樣做一名油漆工。這天，羅伯特接到了為一大棟房子刷油漆的業務，儘管房子的主人彼得很挑剔，但給的薪水很高。在工作中，羅伯特自然是一絲不苟，他認真和負責的態度讓幾次來查驗的彼得感到很滿意。即將完工的日子到了，羅伯特為拆下來的一扇門板刷完最後一遍漆，剛剛把它立起來晾晒。做完這一切，羅伯特長舒一口氣，正想出去歇息一下，不料卻被腳下的磚頭絆倒了。這下糟了，羅伯特撞倒了剛立起來的門板，門板倒在剛粉刷好的雪白的牆壁上，牆上出現了一道清晰的痕跡，還帶著紅色的漆印。羅伯特立即用刮刀把漆印刮掉，又調了些塗料補上。可是做好這些後，他怎麼看怎麼覺得補上去的塗料色調和原來的不一樣，那新的一塊和周圍的也顯得不協調。怎麼辦呢？羅伯特決定把那面牆重新刷一遍。大約用了半天時間，羅伯特終於把那面牆刷完了。可是，第二天，羅伯特又沮喪的發現新刷的那面牆又顯得色調不一致，而且越看越明顯。羅伯特嘆了口氣，決定再去買些材料，將所有的牆重刷，儘管他知道這樣做，他要花比原來多一倍的成本，這麼一來他就賺不了多少錢了，可是，羅伯特還是決定要重新刷一遍。他心中想的是，要對自己的工作負責。他剛把所需的材料買回來，彼得就來驗工了。羅伯特向他說了抱歉，並如實的將事情和自己內心的想法說了出來。彼得聽後，不僅沒有生氣，反而對羅伯特豎起了大拇指。作為對羅伯特對工作負責的態度的獎勵，彼得願意贊助他讀完大學。羅伯特也坦然的接受了幫助。後來，他不僅順利讀完大學，畢業後還娶了彼得的女兒為妻，進入了彼得的公司。十年後，他成了這家公司的董事長。一面牆改變了羅伯特的命運，更確切的說，是他對工作的負責態度改變了他的命運。

責任心是每一個職場人士必須具備的一項素養，我們取得成就的大小與承擔責任的多少是成正比的，責任心越強的人，就越能得到他人的尊重和支持。

大多數企業中，並不缺乏能力出眾的人，缺乏的卻是那種既有能力又有責任感的人才。職場新人要培養自己的責任感，有責任感的人才會受到老闆的重視，公司也會樂意在這種人身上投資，因為這種員工是值得公司信賴和培養的。

一家公司的人力資源部主管正在對應徵者進行面試。除了專業知識方面的問題之外，還有一道在很多應徵者看來似乎是連小孩子都能回答的問題。不過正是這個問題將很多人拒之於公司的大門之外。題目是這樣的：

在你面前有兩種選擇，第一種選擇是，挑兩擔水上山給山上的樹苗澆水，你有這個能力完成，但會很費力。還有一種選擇是，挑一擔水上山，你會輕鬆自如，而且你還會有時間回家睡一覺。你會選擇哪一個？

很多人都選擇了第二種。

當人力資源部主管問道：「挑一擔水上山，你沒有想過這會讓你的樹苗很缺水嗎？」遺憾的是，很多人都沒想到這個問題。

一個年輕人卻選了第一種做法，當人力資源部主管問他為什麼時，他說：「挑兩擔水雖然很辛苦，但這是我能做到的，既然能做到的事為什麼不去做呢？何況，讓樹苗多喝一些水，它們就會長得很好。為什麼不這麼做呢？」

最後，這個年輕人被留了下來。而其他的人，都沒有通過這次面試。

該公司的人力資源部主管是這樣解釋的，「一個人有能力或者透過多一些努力就有能力承擔兩份責任，但他卻不願意這麼做，而只選擇承擔一份責任，因為這樣可以不必努力，而且很輕鬆。這樣的人，我們可以認為他是一個責任感較差的人。」

由此可見，能夠主動承擔更多的責任的人，是企業最需要的人。對職場新人來說，關係到你成敗的往往不是能力，而是你對於工作的態度，也就是本段所強調的責任感。責任是一個人的立身之本。只有那些勇於承擔責任的人才能夠得到老闆的賞識，才有可能被賦予更多的使命。

國旭和昕青在同一家瓷器公司做員工，他們兩人的工作一直都很出色，上司也對這兩名員工很滿意，可是一件事卻改變了兩個人命運。

一次，國旭和昕青一起把一件很貴重的瓷器送到客戶的商店。沒想到送貨車開到半路卻壞了。因為公司有規定：如果貨物不在規定時間送到，就要被扣掉一部分獎金：於是，國旭二話不說，抱起瓷器一路小跑，終於在規定的時間趕到了客戶的商店。這時，心裡打著如意算盤的昕青想，如果客戶看到是我抱著瓷器，把這件事告訴老闆，說不定老闆會給我加薪呢。於是，昕青搶著從國旭懷裡抱過瓷器，卻一下沒接住，瓷器一下子掉在了地上，「嘩啦」一聲碎了。兩個人都知道貴重瓷器打碎了意味著什麼，一下子都呆住了。果然，兩人回去後，遭到老闆十分嚴厲的責罵。

隨後，昕青偷偷的對老闆說：「老闆，這件事不是我的錯，是國旭不小心弄壞了。」

老闆把國旭叫到了辦公室。國旭把事情的經過告訴了老闆。最後說：「這件事是我們的失職，我願意承擔責任。昕青年紀小，家境不太好，我願意承擔全部責任。我一定會彌補我們所造成的損失。」

兩人一起等待著事件處理的結果。一天，老闆把他們叫到了辦公室，當場任命國旭擔任公司的客戶部經理，並且對昕青說：「從明天開始，你就不用來上班了。」

老闆最後說：「其實，那個客戶已經看見了你們倆在遞接瓷器時的動作，他跟我說了事實。還有，我也看見了在問題出現後你們兩個人的反應。」

由此可見，不敢為自己的過失承擔責任的人，永遠得不到老闆的信任和重用。

職場新人在試用期出點差錯並不可怕，可怕的是出了差錯就找理由逃避責任或推卸責任。因為逃避責任或推卸責任本身就是一種極度不負責任的行為。

敢於對自己的行為和結果承擔責任，意味著你有責任感。只有那些敢於承擔責任的人，才有可能被賦予更多的使命，才有資格獲得更大的榮譽。

對於職場新人來說，許多老闆在試用期時，都會考察其能力，但更看重個人特質，而最關鍵的就是責任感。每個老闆都很清楚自己最需要什麼樣的員工，哪怕你是一名做著最普通工作的普通的員工，只要你擔當起了你的責任，你就是老闆最需要的員工。

【謀職攻略】

責任感是做好工作、成就事業的前提條件，是職場人士必須具備的基本素養。剛進入職場的新人，如果連最起碼的責任感都缺乏，這種新人是不可能在企業中擔負起重大責任的。

初入職場，搞定你的上司只需這幾招

初入職場，難免要與上司朝夕相處。但很多職場新人都感覺很難與上司和諧相處。其實，與上司相處就和我們平日裡交朋友、交往一樣，交朋友有交友規則，交往也有戀愛心經。那麼，與上司相處，自然也有一定的學問。

怎樣才能與上司建立一定的關係，下列方法可供參考。

一、維護上司的尊嚴

大多數的人酷愛面子，視面子為珍寶。而為人上司者則更愛面子，很在乎下屬對自己的態度，往往以此作為考慮下屬對自己尊重不尊重的一個重要「指標」。

從歷史上來看，因為不識時務、不看上司的臉色行事而觸了礁的人並不在少數，也有一些一生忠心耿耿的人，因一時衝撞了上司而備受冷落。

面子和權威為什麼如此重要，其根本原因在於他們與上司的能力、權威性密切掛鉤。得罪上司與得罪同事不一樣，輕者會被上司責罵一頓，但若遇上修養不好、心胸狹窄的上司還可能會打擊報復，甚至會暗地壓制你的發展。現實中一些人會有意無意的讓上司丟面子、損害上司的權威，因為常常損傷上司的自尊心，因此經常遭到暗地報復、受冷落。從與上司相處的角度來講，若不慎言慎行，一旦衝撞了上司，就會影響你的進步和發展。

二、把功勞讓給上司

上司是一個部門的領導，部門工作的好壞直接關係到上司的業績。因此，工作能力強弱是對下屬的一個評判標準。

上司一般都很賞識聰明、機靈、有頭腦、有創造性的下屬，這樣的人往往能出色的完成任務。有能力做好本職工作是令上司滿意的前提，一旦被人認為是無能無識之輩，既愚蠢又懶惰，處境便很危險了。

但在我們完成工作之後，要學會把功勞讓給上司。

成功人士在講述自己的成績時，往往會先說一段客套話：成績的取得，是上司和同事們幫助的結果。這種客套話雖然乏味得很，卻有很大的妙用：顯得你謙虛謹慎，從而減少他人的忌恨。

三、虛心接受上司批評

當上司批評你時，他希望下屬能誠懇虛心的接受批評，最惱火的是下屬把上司批評的話當成了「耳旁風」，依然我行我素。

其實，上司也不是隨便出言批評你的，你應該誠懇的接受批評，並從批評中悟出道理來。當然，也不應把上司的批評看得太重，覺得自己挨了罵，以後在同事面前就抬不起頭了，於是在工作上就打不起精神，這樣的人最讓上司瞧不起。把批評看得太重，上司會認為你氣度太小，他可能不會再指責你了，但他也不會再信任和器重你了。

四、成為上司的得力助手

當你的上司遇到困難的時候若你能夠及時並且勇敢而巧妙的站出來，為他解除尷尬、窘迫的局面，這往往會取得出人意料的效果：你會突然發現，你與上司的關係更加密切了；原來只是工作上的關係，現在卻增加了感情上的色彩；原來對你的評價一般，而現在卻一下子發現了你更多的優點，你原來的缺點也似乎得到了「重新解釋」。

五、和上司的關係不要太密切

通常上司不願意跟下屬的關係過於密切，主要是顧忌別人的議論和看法，再者就是影響他在你心目中的威信。同時，任何上司在工作中都要講究方法、講究一些措施和手段，如果你把他的一切都知道得一清二楚，這些方法、措施和手段，就可能會失敗。

和上司保持一定的距離，需要注意哪些問題呢？

首先，保持工作上的溝通、資訊上的溝通、一定程度的感情上的溝通。但要千萬注意不要窺視上司的家庭祕密、個人隱私。和上司保持一定的距離，還應注意，了解上司的主要意圖和主張，但不要事無鉅細，表現出了解他每一個行動步驟和方法措施的意圖是什麼？這樣做會使他感到你的眼睛太雪亮了，什麼事都瞞不過你。這樣他工作起來就會覺得很不方便。

他是上司，你是下屬，他當然有許多事情要向你保密。有一些是你應該知道的而有一些則是你不應該知道的。

和上司保持一定的距離，還有一點需要注意的，就是要注意時間、場合、地點。有時在私下可談得多一些，但在公開場合、在工作關係中，就應有所避諱、有所收斂。

和上司保持一定的距離，還有一個很重要的一點，就是接受他對你的所有批評，可是也應有自己的獨立見解；傾聽他的所有意見，但是發表自己的意見就要有所選擇。也就是說，不要人云亦云。

六、不要背後議論和詆毀上司

在職場中有一個普遍的現象：當面不說背後八卦，會上不說會後亂說。從上司的穿衣打扮、言行舉止的評論開始，到道聽途說的八卦新聞；從對上司的不滿宣洩開始，肆意謾罵、詛咒和詆毀上司，這是與人相處的一大禁忌。自以為上司不會知道背後的議論，但沒有不透風的牆，謠言總會不脛而走，使你的前途岌岌可危。

午餐時，傑希和幾位同事一起聊起了一位剛剛從公司離職的員工，那位員工平時似乎很不得人心，大家七嘴八舌的開一些無傷大雅的玩笑，氣氛很是熱烈。

傑希也愉快的參與了話題：「你們看她的性格多古怪啊，肯定是因為這麼大了還沒交男朋友，母胎單身總是和一般人不太一樣。」沒想到輕鬆的氣氛隨著她的這句話消失了，原本頗有興致，七嘴八舌加入談話的人忽然都安靜了下來，沒人接過她的話。傑希感到尷尬而又不解。

後來她才想起，原來大家都知道和他們一起吃飯的人力資源部經理艾曼也三十多歲了沒沒有交過男朋友。此時，傑希才明白自己無意間犯了個大錯。

七、適度恭維上司

人之天性是愛聽讚美之詞，上司也是人，同樣不能例外。上司們口頭上一般都會表現出極其厭惡員工拍馬屁的樣子，但他們同時也承認，來自員工的溢美之詞偶爾也會讓自己很開心。

讚美上司是對上司的認可、支持和讚揚，是員工與上司打好關係的「潤滑劑」。但在職場中，有些人的「讚美」總讓人感到噁心。他們不分場合和時間，巴結上司，什麼過頭的話他都說得出口，他們認為只要向上司大獻殷勤就能輕而易舉的得到提拔，而不想透過努力工作而獲得成功。逢迎諂媚固然是最容易討好上司的方法，但不擇手段，甚至以喪失人格和尊嚴為代價換取一時的利益，實在是不可取，也是與上司相處的忌諱。尤其在現代社會中，人人都對人格、尊嚴看得很重，像這種奴性十足的奉承不僅上司不願接受，在其他同事看起來也會感到幼稚、可笑。稱讚上司並不是工作的全部，只是建立良好的人際關係，使自己的工作得以順利完成、目的得以順利實現的一種方法。巧妙的運用讚美之詞，讓你的上司賞識你，營造一種和諧的職場氣氛，同時不失去自己做人的尊嚴和修養，事業的成功也就離你不遠了。

八、不要搶上司的風頭

王資是某公司的銷售員，平日總是自恃才高八斗，對公司做出過很大貢獻，所以目空一切，和老闆在一起時便常常忘記自己的身分，過分的表現自己，搶了老闆的風頭。

有一天，王資正在和老闆一起商量事情，正好有客戶來訪。於是，他立即搶在老闆前面與客戶握手、寒暄。交談時，本該說話的是老闆，他也替老闆說了，讓人感覺他才是公司的老闆，完全忽略了老闆的存在。

送走客戶，老闆終於忍不住批評了他一番，說他目無上司，不清楚自己的職位。本來老闆是準備提拔他的，從此以後，這個想法也就打消了。

王資之所以會落到如此下場，就是因為他過分的展現自我，搶了老闆的風頭，所以被老闆訓斥也就是情理之中的事了。

一些自命不凡、喜歡炫耀的職場新人，總會處處表現出自己的不凡，習慣性的搶上司的風頭，甚至表現得比上司更像上司。這其實是不成熟的表現，會令上司反感的。

總之，與上司處好關係，也就是為你的前途奠定基礎，是人生成功的第一步。如果你能按照上述方法去做，你就會成為上司最信賴的人，順利度過試用期。

【謀職攻略】

對職場新人來說，與上司保持良好的人際關係是非常重要的。打好與上司之間的關係，有助於你事業上的成功。

電子書購買　　爽讀 APP

國家圖書館出版品預行編目資料

職場變色龍，精通每一次的職業轉變：熟悉職場生存遊戲，從新手到高手的進化之路 / 蔡賢隆，鄭一群 著. -- 第一版. -- 臺北市：財經錢線文化事業有限公司, 2024.02
面；　公分
POD 版
ISBN 978-957-680-758-9(平裝)
1.CST: 職場成功法
494.35　　113000816

職場變色龍，精通每一次的職業轉變：熟悉職場生存遊戲，從新手到高手的進化之路

臉書

作　　者：蔡賢隆，鄭一群
發 行 人：黃振庭
出 版 者：財經錢線文化事業有限公司
發 行 者：財經錢線文化事業有限公司
E-mail：sonbookservice@gmail.com
粉 絲 頁：https://www.facebook.com/sonbookss/
網　　址：https://sonbook.net/
地　　址：台北市中正區重慶南路一段六十一號八樓 815 室
Rm. 815, 8F., No.61, Sec. 1, Chongqing S. Rd., Zhongzheng Dist., Taipei City 100, Taiwan
電　　話：(02) 2370-3310　　傳　　真: (02) 2388-1990
印　　刷：京峯數位服務有限公司
律師顧問：廣華律師事務所 張珮琦律師

定　　價：360 元
發行日期：2024 年 02 月第一版
◎本書以 POD 印製